"十二五"职业教育国家规划立项教材

美体基础

（第二版）

■ 成都市现代职业技术学校　组编

■ 主编　崔姚　商明娜

高等教育出版社·北京

图书在版编目（CIP）数据

美体基础 / 成都市现代职业技术学校组编 ；崔姚，
商明娜主编. -- 2版. -- 北京: 高等教育出版社，
2021.9（2024.12重印）

ISBN 978-7-04-056878-3

Ⅰ.①美… Ⅱ.①成… ②崔… ③商… Ⅲ.①美容-
中等专业学校-教材 Ⅳ.①TS974.1

中国版本图书馆CIP数据核字（2021）第177821号

策划编辑	刘惠军	责任编辑	刘惠军	封面设计	王　洋	版式设计	徐艳妮
插图绘制	黄云燕	责任校对	吕红颖	责任印制	刘思涵		

出版发行	高等教育出版社	网　　址	http://www.hep.edu.cn	
社　　址	北京市西城区德外大街 4 号		http://www.hep.com.cn	
邮政编码	100120	网上订购	http://www.hepmall.com.cn	
印　　刷	天津画中画印刷有限公司		http://www.hepmall.com	
开　　本	889mm×1194mm 1/16		http://www.hepmall.cn	
印　　张	9	版　　次	2017 年 8 月第 1 版	
字　　数	160 千字		2021 年 9 月第 2 版	
购书热线	010-58581118	印　　次	2024 年 12 月第 6 次印刷	
咨询电话	400-810-0598	定　　价	39.90 元	

物 料 号　56878-00

内 容 简 介

本书是"十二五"职业教育国家规划立项教材，依据《中等职业学校美容美体专业教学标准》，在第一版的基础上修订而成。本书按照中等职业教育的培养目标，重在培养学生对于美体保健方法的实际应用能力，结合相关职业技能的要求和作者多年的美体教学实践经验进行编写。全书内容包括：美体基础知识、美体常用护理手法、常用美体仪器、芳香疗法与现代 SPA、营养与美体。

本书新增 17 个视频二维码资源，扫描书中二维码可获取。本书新增 Abook 资源，可参照书后"郑重声明"提示获取资源。

本书既可作为中等职业学校的美容美体艺术、美发与形象设计专业教材，又可作为社会职业技能培训的教材。

2021 年 4 月全国职业教育大会在北京召开，在全面建设社会主义现代化新征程中，优化职业教育类型定位，科学审视职业教育的重要地位。同年，教育部印发《职业教育专业目录（2021 年）》（《目录》），《目录》将美容美体专业从休闲保健大类调整入文化艺术大类，专业名称变更为美容美体艺术。这一系列发展和变化要求我们要重新科学地从事美容美体艺术教育工作。

本书立足于专业实际，依据《中等职业学校美容美体（艺术）专业教学标准》，在一版基础上修订而成。本书在编写过程中坚持以学生发展为宗旨，按照培育和践行社会主义核心价值观，落实立德树人根本任务，并培养德智体美劳全面发展的社会主义建设者和接班人的改革要求，突出重点领域，参照国家相关职业标准和行业职业技能鉴定规范，强化行业指导，体现职业精神。

"美体基础"是中等职业学校美容美体艺术专业开设的一门专业核心课程，具有较强的技术性和实用性。通过本课程的学习，学生能掌握美容院常用美体护理手法、常用美体仪器、营养与美体等知识和技能。在每一单元学习目标的引领下，以简洁的理论表达、生动的技能训练图示、实践性的思考题提升学生的能力，培养学生良好的职业习惯，使学生树立较强的服务意识、卫生意识、安全意识，达到职业资格鉴定中相关职业能力的技能要求，并为继续深造打下良好基础。

本书编写特点如下。

1. 满足学生职业生涯发展的需要

全书反映当代社会进步、科技发展、专业发展前沿和行业企业的新技术、新工艺和新规范，与企业专家共同研讨编写模式，很好地体现了产教融合，校企合作。为学生未来的职业生涯的发展打下坚实的基础。

2. 坚持"以学生为主体"的原则

本书从适合中等职业学校美容美体艺术专业学生使用的角度进行编写，从工作岗位出发，实现教学与工作和学习相结合。全书以实际岗位工作流程为主线，主题设计由简单到复杂，由浅入深，循序渐进，知识和技能有机融于主题中，使学生在学习时更易于掌握与理解。

3. 体现"美容美体艺术专业岗位"的特征

本书内容经过与企业专家研讨共同确定，承载课程标准所需要的知识和技能，涵盖职业技能鉴定考核内容。突出美容美体艺术专业岗位特点和人才需求，针对工作任务训练技能，针对岗位标准实施考核评价，教材具有较强的实用性。本书学时数为 108，具体安排如下表（供参考）：

"美体基础"学时分配表

单元	内容	学时
一	美体基础知识	12
二	美体常用护理手法	50
三	常用美体仪器	20
四	芳香疗法与现代 SPA	16
五	营养与美体	10
合计		108

本书出成都市现代职业技术学校组编，由崔姚、商明娜、王丁琳祉编写，图片及视频处理由柯永成完成。由于水平有限，书中难免有疏漏和不足之外，敬请专家和读者批评指正，以便再版时予以修正。本书读者反馈邮箱: zz_dzyjpub.hep.cn。

编者

2021 年 6 月

本书为"十二五"职业教育国家规划立项教材，依据《中等职业学校美容美体专业教学标准》编写而成。本书在编写过程中坚持以学生发展为宗旨、以促进就业为导向，按照"五个对接""十个衔接"的改革要求，突出重点领域，参照相关国家职业标准和行业职业技能鉴定规范，强化行业指导，体现工学结合的精神。

"美体基础"是中等职业学校美容美体专业开设的一门专业核心课程，具有较强的技术性和实用性。通过本课程的学习，学生能掌握美容院常见美体护理手法、常见美体仪器、营养与美体等知识和技能。在每一单元学习目标的引领下，以简洁的理论表达、生动的技能训练图示，实践性的思考题综合训练提升受训者的能力，培养学生良好的职业习惯，使学生树立较强的服务意识、卫生意识、安全意识，达到职业资格鉴定中相关职业能力的技能要求，并为继续深造打下良好基础。

本书编写特点如下：

1. 满足学生职业生涯发展的需要

全书内容的编写以职业需要为依据、以能力培养为本位、以任务驱动为导向的理念为主线，按照美容美体专业的学习规律和人才培养特色选择主题，主题的选择符合"理实一体"的课程改革要求及"行动导向"的教学改革要求。将理论与实践、知识与技能有效结合，融入新技能、新知识、新方法、新工艺，为学生未来的职业生涯的发展打下坚实的基础。

2. 坚持"以学生为主体"的原则

本书编写设计原则就是为了把学生吸引进来，跟着教材的思路一路前行，采用适合中等职业学校美容美体专业学生使用的角度进行编写，以掌握实用操作技能为根本出发点，实现教学与工作岗位要求的有效对接。单元设计具有典型性，便于操作和学习。全书以实际岗位工作流程为主线，主题设计由简单到复杂，由浅入深，循序渐进，知识和技能螺旋式地融于主题中，使学生在学习时更易于掌握与理解，并充分体现"以学生为主体"的原则。

3. 体现"美容专业岗位"的特征

教材内容经过与企业专家研讨共同制定，突出美容专业岗位特点和人才需求标准，针对工作任务训练技能，针对岗位标准实施考核评价，使教材具有很强的适用性，能承载课程标准所需的知识和技能，涵盖劳动部职业技能鉴定考核内容。

本书课时数为 108 学时，具体安排见表 1（供参考）：

表 1 "美体基础"课程学时分配表

单元	内容	学时
一	美体基础知识	12
二	美体常用护理手法	50
三	常用美体仪器	20
四	芳香疗法与现代 SPA	16
五	营养与美体	10
合计		108

注：各学校对学时分配可根据本校实际情况酌情增减。

本书由成都市现代职业技术学校组编，由贾秀杉、商明娜、崔姚、王丁琳祉编写，图片处理由李瑞老师完成。

由于水平有限，书中难免有疏漏和错误之处，敬请专家和读者批评指正，以便再版时予以修正。

编者

2016 年 9 月

目录

第一单元
美体基础知识

学习目标

◎ 了解美体的概念、起源、目的和发展过程。

◎ 了解身体护理的基本流程。

◎ 掌握身体各部位名称，肌肉、骨骼、脏腑、经络、腧穴等相关知识。

◎ 了解乳房结构和功能，了解肥胖等相关知识。

◎ 学会为顾客完成身体分析表。

主题一　美体概述

美体指通过各种护理手段，配合"五感（视、听、嗅、味、触觉）疗法"，达到保养皮肤、改善形体，促进人体生理、心理和社会的协调，达到人体健康美的综合性过程。

人们常以为美体是 20 世纪才发展起来的一项产业，事实上，美体由来已久，只是以不同的形式存在着。早在远古时代，人类就已经意识到了通过美体不仅可以保养皮肤，而且还可以使自己的身体更加健美。虽然当时还没有专用的护肤品和专业的美容师，但是有水、泥土和各种植物，这些自然的护肤品在今天的美体中心仍然被广泛使用。

有资料证明，我们的祖先也曾经在湖中、泉水中，甚至在普通水坑中浸泡身体，放松心情，清洁自己的发肤。他们采用敷泥的方式来保护自己，从而免受日晒和蚊虫叮咬。他们还把不同种类的植物碾碎，涂抹在皮肤上，达到滋润、保护甚至治疗的效果。随着时间的推移，我们的祖先积累了大量的身体护理知识和经验，懂得了如何使用不同的天然成分来应对不同的皮肤及身体状况。

在世界文明发展的早期进程中，古埃及是较早应用美体护理的国家。芳香剂、彩色化妆品、按摩油、面霜和体霜、沐浴产品、脱毛剂、洗发剂等，这些护理产品都曾被古埃及人使用过。古埃及人因其良好的保养意识而闻名世界，也正是这样的名气，才使得古埃及成为当时芳香产业的国际中心。古埃及人之所以能够成为早期美容学的领头人，主要原因就在于他们的信仰。在他们看来，香薰、沐浴及芳香剂和化妆品的使用都是为了净化自己，这样才能在宇宙间达到平衡。

目前的蜡脱毛、电解脱毛和激光脱毛等脱毛手段，都有助于让我们认识到光洁皮肤的美感。实际上，脱毛技术已经有了几个世纪的发展历史。古罗马人早在公元前 454 年就开始去除面部绒毛了，这在当时也成为一种流行时尚。但是说到脱毛法，中东地区则是发源地。在中东地区，使用糖脱毛法和线脱毛法是非常普遍的，这两种方法直到今天仍然被我们使用。糖脱毛法是在皮肤表面涂抹一层黏黏的枣糖或蜂蜜，将这一层涂抹剂搓掉的同时也带走了皮肤上的毛发。线脱毛法是用一根长线将毛发缠绕住，然后迅速拉动长线将毛发连根拔起。这两种方法简便灵活，不需要锋利的剃刀或是在皮肤上涂抹剃须产品等准备工作。

SPA 是当今最流行的美容休闲理念。SPA 一词有说来源于拉丁文"健康""在""水中"三词的首字母。古罗马语中的"每滴水的桑拿"指的就是用水缔造健康。也有说 SPA 本来是比利时的一个海边小镇的名字，该小镇靠近矿泉，因而成为水疗胜地。14 世纪到 16 世纪是 SPA 的全盛期，这个小镇的名字后来成为英语单词 SPA 的词源。我们一般将浴疗的成就归功于埃及人，是他们发明了特殊的浴前准备以达到软化和嫩白皮肤的效果。然而，SPA 的开创者比利时人则是从推广公共沐浴设施的古希腊人和古罗马人那里得到灵感的。

古希腊人享受各种沐浴方式，从热水浴盆到热气熏蒸等多种多样。公共沐浴场所一般都包括一个健身房，在那里可以进行一些体育项目。大多数公共浴池还配备图书室或静音室。

古罗马的"水浴"和希腊的沐浴相似。古罗马人非常享受他们的浴疗，甚至平均每个街区有 5 个左右的浴室，即每 35 间公寓就享有一个浴室。浴疗的流行促使古罗马帝王 Agrippa 在公元前 25 年创立了罗马第一个"温泉浴室"。随后，温泉浴室逐渐变成了 SPA 的理想场所。普通浴室则更类似于日光 SPA，其主要的服务对象为附近居民。SPA 胜地或温泉浴室的理念逐渐被人们接受，并很快在整个古罗马流行起来，从庞贝到开罗，再到白雪覆盖的阿尔卑斯山，甚至是古罗马帝国没有其不涉足的地区，从芬兰到日本再到太平洋岛屿和美洲原住民地区，都有各自独特的水疗方式。每一种文明都有自己钟爱的浴疗方式，有的男女分浴，有的创造出繁复的美容仪式，有的则喜欢集体共浴、放松或享受蒸汽浴。海边居住的人们则用海水这种营养丰富的水源进行水疗和美容。一些人选择蒸汽浴，而另一些人则选择冰水浴。水浴的内容和方式日渐丰富。

从 20 世纪 30 年代开始，欧洲人就已经将电疗美体仪器作为身体护理的一种常用仪器。但是，在中国，由于电疗美体仪器的价格较高，一般只有在具有一定规模的美容中心才有。

几个世纪以来，欧洲和亚洲都主宰着专业美容领域，这些地区创造出了丰富绚烂的文化，而在千年的历史长河中，这些文化又发展出了多种多样的保健养生法，并一代一代地传承下去。

现在，回归自然成为时尚的身体护理潮流。大型的度假 SPA 基本建立在具有良好的自然环境的地区，在这样的环境中，人们能够达到放松身心、平衡状态的目的。在护理方法和护理产品方面，现在的人们更容易接受天然的、不对人体带来伤害和负担的护理方法和护理产品。

SPA 和"一站式"综合服务（包括身体护理、休闲减压和护肤等）极大地推动了美容行业的发展，市场也急需美体人才。能够达到放松、减压、塑身作用的身体护理成为时下美容行业非常重要、利润可观的项目。

二、美体的目的与方法

美体的目的是为了让人体达到生理上、心理上的协调，从而达到人体的健康美。美体的所有项目都是以健康美为目的，现代的美容机构开展的美体项目的目的和方法主要有如下五种。

（一）水疗

水疗是用各种沐浴方式对人体起到护理的作用。水的压力有助于人体的血液循环和淋巴循环。浮力使人体更容易活动，让人体肌肉放松。热水浴能够促进血液循环，加速人体的新陈代谢，放松神经，缓解疼痛，镇静催眠。冷水浴则具有锻炼人体心肺功能的作用。不同的沐浴用水中所含的物质不尽相同，能对人体起到不同的作用，如含硫黄的温泉能够治疗皮肤病，盐水浴能够消除人体水肿，牛奶浴能够润肤美容。

（二）热疗

热疗能够促进人体血液循环，加快乳酸等代谢产物排出，缓解疼痛和疲劳。热疗促使人体大量出汗，帮助人体排出毒素，主要有蒸汽浴、热气浴、蜡膜、蜡浴等。美体中心和各种 SPA 都有蒸汽浴房、桑拿房等热疗设施。

（三）身体皮肤保养

身体皮肤保养的目的是清洁皮肤，减少皮肤的堵塞，给皮肤补充营养，让皮肤健康、富有光泽，主要有清洁、全身去角质、体膜等项目。

（四）按摩

按摩能促进人体血液循环，放松神经，消除肌肉紧张，增强人体各关节的灵活度，消除身体疲劳。

（五）改善身材的护理

改善身材的护理主要有减肥、塑身、胸部护理。这些护理能够帮助人体获得良好的身体曲线，增强自信心，促进人们心理上、生理上以及与社会的协调。

身体护理的各种项目和方式是让人们在愉快的享受中放松减压，健美身形，最终目的都是为了促进人们的身心健康。

三、美体流程

（一）接待

热情、良好的接待是美体师在顾客心目中树立个人以及集体形象的开始，也是促使顾客愿意接受服务的关键。顾客踏入美容中心时，接待人员应该热情地接待顾客，了解顾客的需求，使后面的步骤能够正确、顺利地进行。

（二）咨询

咨询是通过与顾客沟通，了解顾客的基本情况、收集顾客相关的信息、与顾客建立相互信任的过程。详细了解顾客的相关信息能够在护理过程中避免为顾客带来伤害，减少美容事故的发生，同时也有利于设计护理计划，做好充分的服务准备。信息的收集主要包括以下四个方面的内容。

1．基本资料

基本资料指顾客的基本信息，包括姓名、性别、年龄、职业、收入情况等。

2．健康状况

身体健康状况是设计身体护理疗程、实施身体护理的重要参考信息，包括既往病史、过敏史现在是否接受药物治疗等。

3．心理状况

心理状况包括心理压力情况，精神状态，对护理的态度，对自己的健康、体型及皮肤的关心程度等。

4．习惯特征

习惯特征包括生活习惯、饮食习惯、消费习惯、日常护理习惯等。

（三）分析诊断

通过对观察、询问、测量、手工评估等方法的综合运用，进行形体特征和身体皮肤等状况的分析诊断。

1．形体特征

顾客的形体特征主要指顾客的身高、体重、体围、体型等。

2．皮肤状况

皮肤状况指身体皮肤的类型、有无瑕疵及皮肤病等。

3．肌调

肌调指肌肉的弹性和饱满程度。

（四）设计护理计划

设计护理计划包括确定护理目的、护理产品、护理技术、仪器设备、家居护理措施、所需疗程、护理价格等。通过设计合理的护理计划，可以明确护理目的，合理组合各种护理手段，使每次身体护理均有针对性，最终达到良好的效果。

（五）沟通护理计划

美体师在设计护理计划后，应该与顾客沟通，阐述计划的目的、过程及可能的效果和相关费用。美体师在沟通的过程中应不断地引导顾客树立正确的护理观念，并根据顾客的意见对护理计划做出相应的调整，最终就护理计划中的各个项目与顾客达成一致，取得顾客的认可后，才能实施护理计划。

（六）实施计划

根据护理计划，每个项目按操作程序进行，即：护理前的准备—正式护理程序—结束整理。

（七）效果评价及档案的建立

顾客的档案主要包括身体分析表、顾客反馈意见及护理效果评价三个部分。其中身体分析表是在为顾客进行护理时填写的，顾客反馈意见和护理效果评价则是在护理后，询问顾客的感受和对顾客进行再次观察取得的。只有身体分析表和效果评价都真实准确，才能够总结经验，为方法改进提供参考依据。

（八）定期跟踪回访

疗程进行中及结束后均需要进行跟踪回访。跟踪回访一方面可以更深入地了解顾客进行家居护理的情况，同时又可以获得顾客的反馈信息。另一方面，跟踪回访对美容院的宣传，建立固定客源也起着重要的作用。

主题二　美体基础知识

一、美体常用人体各部位名称与方位术语

人体的不同部位有着不同的名称。头颈部的名称：头、颈；躯干部的名称：胸、背、腹、脊椎；上肢部的名称：肩、上臂、前臂、手；下肢部的名称：臀、大腿、小腿、足（图1-1）。

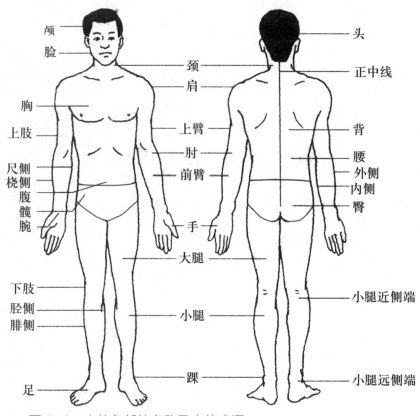

▲ 图1-1　人体各部位名称及方位术语

为了便于学习和研究人体各部位的结构和功能，规定以身体直立、两眼向正前方平视、两足跟靠拢、足尖向前、上肢自然下垂于躯干两侧、手掌向前为人体标准解剖姿势，并以上述姿势为依据，定出人体方位的术语。

上：接近头部称为上。

下：接近足底称为下。

前：腹侧为前。

后：背侧为后。

内侧：接近身体正中线的称为内侧。

外侧：远离身体正中线的称为外侧。

尺侧：前臂的内侧称为尺侧。

桡侧：前臂的外侧称为桡侧。

胫侧：小腿的内侧称为胫侧。

腓侧：小腿的外侧称为腓侧。

浅：接近皮肤表面的称为浅。

深：远离皮肤表面的称为深。

二、美体常用人体肌肉与骨骼

（一）肌肉

1．躯干肌

（1）斜方肌：位于颈部和背部，一侧呈三角形，左右两侧相合构成斜方形，称为斜方肌。其功能是上举和放下肩带，移动肩胛骨，使头部倒向后和侧面。

（2）背阔肌：位于腰背部和胸部后下侧，是全身最大的阔肌，上部被斜方肌遮盖。其功能是使手臂拉向下和后，肩带下压，躯干侧向一边。

（3）上背肌群（大圆肌、小圆肌、冈下肌、菱形肌）：位于人体上背部，可使手臂向内和向外旋转，手臂向后划，肩胛上升、旋转、向下。

（4）胸大肌：位于胸前，为扇形扁肌，其范围大，分为胸上肌和胸大肌两部分。其功能是使上臂向内、向前、向下和向上，臂部向内旋转（图1-2）。

（5）前锯肌：位于胸廓的外侧皮下，上部为胸大肌和胸小肌所遮盖，是一块扁肌。其功能是使肩胛下转，使肩胛拉向一侧，帮助扩展胸部，帮助两臂举过头部。

（6）腹直肌（上腹肌＋下腹肌）：由上腹肌和下腹肌两部分组成，位于腹前壁正中线的两侧。其功能是使脊柱向前弯曲，压缩腹部，压迫肋骨。

（7）胸锁乳突肌：这是位于颈部浅层最显著的肌肉，其功能是使头和颈向侧曲，头和颈部旋转，颈向前或后弯曲。

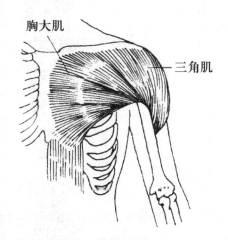

▲ 图 1-2　胸大肌与三角肌

2．上肢肌

（1）肱二头肌：位于上臂前面皮下。其功能是弯曲肘部，掌心向上放下前臂，使前臂向前弯起至肩部。

（2）肱肌：位于肱二头肌下半部的深面，起于肱骨体下半部前面，止于尺骨粗隆。其作用是屈肘。

（3）肱桡肌：位于前臂肌的最外侧皮下，呈长扁形。肱桡肌近固点时，可使前臂屈；远固点时，可使上臂向前靠拢。

（4）肱三头肌：位于上臂后面皮下。其功能是使手臂伸直和拉向后方。

（5）前臂屈指肌：位于前臂前面的内侧皮下，能使手屈和外展。

（6）三角肌：位于肩部皮下。它是一个呈三角形的肌肉，肩部的膨隆外形即由该肌形成。两侧肌肉纤维呈梭形，中部纤维呈多羽状，这种结构肌肉体积小而具有较大的力量。它的功能是使手臂举到水平位置，手臂分别向前、中、后举到一定方向的高度（图1-2）。

3．下肢肌

下肢肌名称与位置见图1-3。

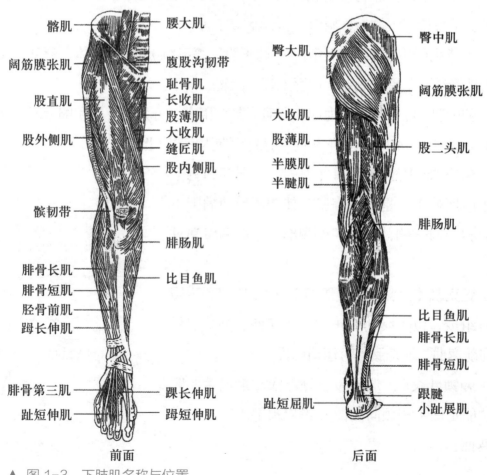

▲ 图1-3　下肢肌名称与位置

（二）骨骼

人体骨骼名称与位置参见图 1-4 和图 1-5。

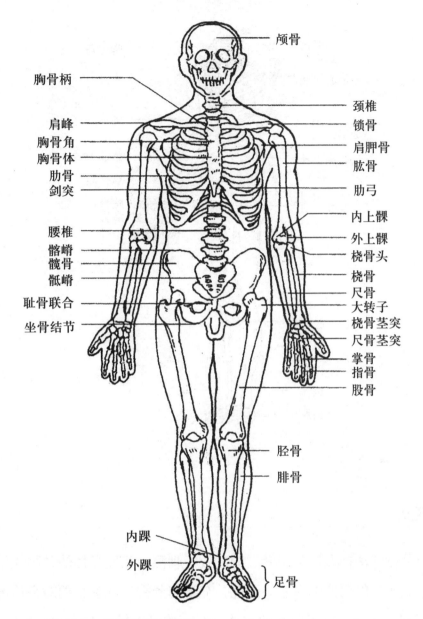

颅骨

胸骨柄

颈椎
锁骨

肩峰
胸骨角
胸骨体
肋骨
剑突

肩胛骨
肱骨

肋弓

内上髁
外上髁
桡骨头
桡骨
尺骨
大转子
桡骨茎突
尺骨茎突
掌骨
指骨
股骨

腰椎
髂嵴
髋骨
骶嵴

耻骨联合

坐骨结节

胫骨

腓骨

内踝

外踝

足骨

▲ 图 1-4　骨骼名称与位置

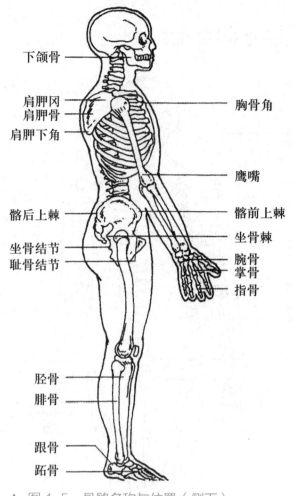

下颌骨

肩胛冈
肩胛骨
肩胛下角

胸骨角

鹰嘴

髂后上棘
坐骨结节
耻骨结节

髂前上棘
坐骨棘
腕骨
掌骨
指骨

胫骨
腓骨

跟骨
跗骨

▲ 图 1-5　骨骼名称与位置（侧面）

三、中医的脏腑

　　美体中的芳香疗法指通过利用精油的功效，刺激或激发身体的各种组织和器官，达到辅助性治疗或改善的目的的方法。因此，在学习芳香疗法前，要对身体的组织器官有比较深入的了解。这样，在运用精油的功效时，才可以做到对症下"药"，更好地达成目的。脏，是指藏于体内的内脏，包括五脏：心、肺、脾、肝、肾。腑，包括六腑和奇恒之腑。六腑是胆、胃、小肠、大肠、膀胱、三焦；奇恒之腑是脑、髓、骨、脉、子宫。人体本身就是相通的一个整体，虽然脏腑藏于身体的内部，但是，脏腑的运作是身体的中心环节，控制了整个人体的所有活动。

（一）心

　　心位于胸部偏左，两肺之间，横膈之上，形如倒垂的桃子，外有心包裹护。中医学对心有"血肉之心"和"神明之心"称谓，"血肉之心"，即解剖之心；"神明之心"，涵盖脑的功能。心的生理功能是主血脉，藏神。由于心的主血脉和藏神功能起着主宰人体整个生命活动的作用，故称心为"君主之官""生之本"或"五脏六腑之大主"。心的生理特性是喜清静，内守而恶热。心与小肠相表里，手少阴心经与手太阳小肠经相互属络。心在体合脉，其华在面，在窍为舌，在志为喜，在液为汗。心在五行属火，为阳中之阳，其气与自然界的夏季和方位的南方相对应。

以下介绍中医理论中的心与形、窍、志、液的关系。

1．心在体合脉，其华在面

脉是指血脉。心合脉，是指全身的血脉都属于心。华，是华丽、光泽的意思。其华在面，意思是指心的精气盛衰，可以通过面部的色泽变化显露出来。心气旺盛，血脉充盈，面部红润有光泽；若心的气血不足，则可见面色发白、晦滞；气血瘀滞则面色青紫。

2．心在窍为舌

心开窍于舌，指通过对舌的观察，可以了解心的精气盛衰及其功能的状态。心的生理功能正常，则舌体红润、柔软，运动灵活，语言流利，味觉灵敏。若心有病变，例如心阳不足，可见舌质淡白胖嫩；心阴不足，则可见舌质红绛瘦瘪；心血不足，可见舌体瘦薄、舌色少华；心火上炎，可见舌质红赤甚至生口疮；心血瘀阻，可见舌质紫黯或有瘀斑；心主神志的功能失常，可以出现舌卷、舌强、失语等现象。

3．心在志为喜

心的生理功能与情志的"喜"有关。喜，一般来说属于对外界刺激产生的良性反应。喜悦有益于心血管的生理功能，但喜悦过度会伤到心神，例如有人因为过度兴奋而昏迷甚至致死。

4．心在液为汗

指心与汗液的生成和排泄有密切关系。中医认为：汗，是体内的津液通过阳气的蒸化后由毛孔排出体表的液体。汗液的生成、排泄与心血、心神的关系十分密切。血液与津液同源互化，血液中的水渗出脉外则为津液，津液是汗液的生化之源。一般来说，在正常的情况下，汗液的排泄人感觉不到，而仅仅表现为肌肤的润泽。人体出汗有两种情况：一是散热性出汗，如气候炎热，衣被太厚，或动而生热，或发热时用发汗药，此时体内之热随汗液外出而解；二是惊恐伤心可致出汗，是指人在精神紧张时或受惊时出汗。

由此可见，心以主血脉和藏神功能为基础，主司汗液的生成与排泄，从而维持人体内外环境的协调平衡。

（二）肺

肺位于胸腔，左右各一，覆盖于心之上。肺在五脏六腑中位置最高，覆盖诸脏，故有"华盖"之称。中医认为，肺的生理功能：主气司呼吸，主行水，朝百脉，主治节。肺气以宣发肃降为基本运动形式。肺辅助心调节全身气、血、水液的输布运行，故称之为"相傅之官"。

肺为清虚之体，肺系与喉、鼻相连，故称"喉为肺之门户""鼻为肺之外窍"，与天气相通，又外合皮毛。故五脏之中，肺最易受邪侵袭。外感风寒燥热袭肺，内易停饮生痰贮肺，故肺有"娇脏"之称。

肺在体合皮，其华在毛，在窍为鼻，在志为悲、忧，在液为涕。肺与大肠相表里，手太阴肺经与手阳明大肠经相互属络。肺在五行属金，为阳中之阴，其气与自然界的秋季和方位的西方相应。

以下介绍中医理论中肺与形、窍、志、液的关系。

1．肺在体合皮，其华在毛

皮毛，包括皮肤、汗腺、汗毛等组织，为一身之体表，依赖于肺所宣发的卫气及津液的温养和润泽，是机体抵抗外邪的第一屏障。由于肺主气属卫，故具有宣发卫气、输精于皮毛等生理功能。肺与皮毛相合，是指肺与皮毛相互为用的关系，肺的生理功能正常，则皮肤紧致，毫毛光泽，抵御外邪侵袭的能力较强；反之肺气虚，宣发卫气和输精于皮毛的生理功能减弱，则卫表不固，抵抗外邪侵袭的能力低下，可出现多汗、易感冒或皮毛憔悴枯槁等现象。

2．肺在窍为鼻

鼻为肺之窍，鼻与喉相通而联于肺。鼻的嗅觉与喉部的发音，都是肺气的作用。所以肺气和，呼吸利，则嗅觉灵敏、声音能彰。由于肺开窍于鼻而与喉直接相通，所以外邪袭肺，多从鼻喉而入；肺的病变，也多见于鼻、喉的症状，如鼻塞、流涕、喷嚏、喉痒、音哑和失声等。

3．肺在志为悲、忧

中医认为，悲、忧这类情感活动与肺的功能相关。悲和忧的情绪变化虽然略有不同，但对人体生理活动的影响大致相同，因而悲和忧同属肺志。二者均属于非良性刺激引起的情绪反应，它们对人体的主要影响是耗伤肺气。如悲忧过度，可出现呼吸气短等肺气不足的现象；反之，在肺虚或肺宣降运动失调时，机体对外来的非良性刺激的耐受性就会下降，容易产生悲、忧的情绪变化。

4. 肺在液为涕

涕，是鼻黏膜分泌的黏液，有润泽鼻腔的作用。鼻为肺窍，故其分泌物亦属肺。肺的功能正常，肺气充足，则鼻涕润泽鼻窍而不外流；若肺寒，则鼻流清涕；肺热，则涕黄浊；肺燥，则鼻干。

（三）脾

脾位于中焦，在腹腔内膈之下偏左方，与胃以膜相连。中医认为，脾的主要生理功能是主运化。统摄血液和主升举。脾胃同居中焦，胃主受纳水谷，脾主运化精微，二者协调完成人体消化饮食水谷，吸收并输布其精微，化生气血，维持生命活动，被称为"仓廪之官""气血生化之源"。脾气的运动特点是以升为健。脾为太阴湿土，又主运化水液，故喜燥恶湿。脾与胃相表里，足太阴脾经与足阳明胃经相互属络。脾在体合肌肉，主四肢，在窍为口，其华在唇，在志为思，在液为涎。脾在五行属土，为阴中之至阴，其气与自然界的长夏之气和方位的中央相应。

以下介绍中医理论中脾与形、窍、志、液的关系。

1. 脾在体合肌肉，主四肢

脾气的运化功能与肌肉、四肢的壮实及其功能发挥之间有着密切相关的联系。脾胃为气血生化之源，人体的肌肉四肢都需要脾所运化的水谷精微来营养滋润，才能使肌肉发达、丰满健壮，四肢强劲有力。所以人体肌肉的健壮与否，与脾胃的运化功能密切相关，若脾胃的运化功能失常，致水谷精微及津液的生成和转输障碍，四肢肌肉失其滋养，必致肌肉消瘦，四肢痿软，甚至萎废不用。

2. 脾在窍为口，其华在唇

脾开窍于口，是指饮食口味与脾的运化功能有密切关系。在日常生活中可见，脾气健旺，则食欲、口味正常，口唇光泽；若脾失健运，则食欲缺乏，口淡乏味、口甜等；脾有湿热，可觉口干、口腻；若脾有伏热伏火，可循经上蒸于口，发生口疮、口糜。

3. 脾在志为思

即脾的生理功能与思志相关。思，指思考、思虑，是人体精神、意识、思维活动的一种状态。人们要认识客观事物，处理问题就必须要思，因此，思是正常的心理活动。一般而言，思对于机体正常的心理、生理活动无不良影响，但若思虑过度、所思不遂，就会影响气的升降出入，导致气机郁结，使脾的运化、升清功能失常，可出现不思饮食、眩晕健忘等病症。

4.脾在液为涎

涎为口津，唾液中较清稀的部分，由脾气化生并转输布散。涎液具有保护口腔黏膜、润泽口腔的作用，在进食时分泌较多，有助于食物的吞咽和消化。在正常情况下，脾精、脾气充足，涎液化生正常，上行于口，但不溢出于口外。若脾胃不和，或脾虚不摄，则往往导致涎液分泌剧增，从而发生口涎自出等现象；若脾精不足，津液不充，则可见涎液减少、口干舌燥。

（四）肝

肝位于腹腔，横膈之下，右胁之内，其下部有胆囊依附。中医认为，肝的生理功能是主疏泄和主藏血。肝的生理特性是主升主动，具刚强急暴之性，喜条达而恶抑郁，病则易亢易逆，故称之为"刚脏""将军之官"。胆附于肝，相为表里，足厥阴肝经与足少阳胆经相互属络。肝在体合筋，其华在爪，在窍为目，在志为怒，在液为泪。肝在五行属木，为阴中之阳，其气与自然界的春季和方位的东方相对应。

以下介绍中医理论中肝与形、窍、志、液的关系。

1.肝在体合筋，其华在爪

筋，包括现代所称的肌腱、韧带和筋膜。筋有连接和约束骨节、肌肉，主司关节运动，保护内脏等功能。在五脏中，肝与筋关系最为密切。"肝主身之筋膜"，主要是指全身筋膜有赖于肝血的滋养，可见，只有肝血充盛，使筋膜得到充分濡养，才能运动灵活而有力。若年老体衰，肝血不足，筋膜失养，则表现为筋力不拘挛、屈伸不利等症，且多与肝血不足、筋失所养有关。

2.肝在窍为目

目具有视物、别黑白、辨形态的功能，故又称"精明"。肝的经络系目系，肝血濡养于目，则目能发挥其视觉功能，故称"肝开窍于目"。肝血充足，则视物清晰，目睛灵活有神。肝之气血失调，常反映于目。如肝阴血不足则两目干涩，视物不清或夜盲；肝经风热则目赤痒痛；肝火上炎则目赤肿痛；肝阳上亢则头晕目眩；肝风内动，则目斜上视，甚至暴盲等。

目又与五脏相关。中医学将目的不同部位分属于五脏，形成"五轮学说"，即眼睑为肉轮属脾；两眦为血轮属心；白睛为气轮属肺；黑睛为风轮属肝；瞳神为水轮属肾。五脏六腑之精气皆上注于目，则视清目明；五脏有病，亦可反映于目。

3．肝在志为怒

怒是人们在情绪激动时的一种情志变化。一般来说，适当的发怒，使情绪得到宣泄，有利于维护机体的生理平衡。但大怒和郁怒不解都会引起肝气郁结、气机不畅，精血津液运行输布障碍，若突然大怒，或经常发怒，使肝气升发太过而伤肝，表现为烦躁易怒、激动亢奋。反之，肝的阴气不足，阴不制阳，肝阳亢逆，则稍有刺激便极易发怒。

4．肝在液为泪

泪由肝精、肝血所化，肝开窍于目，泪从目出，故泪为肝之液。泪有濡养、滋润和保护眼睛的功能。在正常情况下，泪液的分泌，是濡润而不外溢，但在异物倾入目中时，即可大量分泌泪液，起到清洁眼睛和排除异物的作用。在病理情况下，则可见泪液的分泌异常。如肝血不足时，两眼干涩；如风火赤眼、肝经湿热时，可见迎风流泪等症。此外，在极度悲哀的情况下，泪液的分泌也会大量增多。

（五）肾

肾位于下焦，在腰部脊柱两侧，左右各一，故《黄帝内经》有"腰为肾之府"的记载，肾的生理功能有藏精、主水、纳气。中医认为，由于肾藏先天之精，主生殖，为人体生命之本源，故称肾为"先天之本"；肾精化肾气，肾气分阴阳，肾阴与肾阳能促进、协调全身脏腑之阴阳，故肾又被称为"五脏阴阳之本"。肾精生髓壮骨充脑，肾为人体"作强之官"。肾与膀胱相表里，足少阴肾经与足太阳膀胱经相互属络。肾在体合骨、生髓、通脑，其华在发，在窍为耳及二阴，在志为恐，在液为唾。肾在五行属水，为阴中之阴，其气与自然界的冬季及方位的北方相对应。

以下介绍中医理论中肾与形、窍、志、液的关系。

1．肾在体合骨，生髓，其华在发

肾精可以促进骨骼生长发育，还有滋生骨髓、脑髓和脊髓的作用。精血足，头发黑而润泽。肾藏精，故而肾功能好，头发便长得好。

2．肾在窍为耳及二阴

耳的听觉功能灵敏与否，与肾精、肾气的盛衰密切相关。只有肾精及肾气充盈，听觉才会灵敏、分辨力高。

3．肾在志为恐

恐是人们对事物恐惧、害怕的一种精神状态，与肾的关系密切。恐惧会使肾气不能上行，反而令气下走，不能正常布散。

4. 肾在液为唾

唾是唾液中较稠厚的部分，多出于舌下，有润泽口腔、滋润食物及滋养肾精的功能。

四、中医经络与腧穴

脏腑是通过经络相互沟通联系的，芳香疗法就是借助经络的这个功能，通过产品和手法的结合，刺激经络，从而达到调节身体组织、辅助治疗和提升脏腑等体内组织器官的功能。因此，作为美体师，必须了解和掌握一些经络和常用腧穴的知识，以便更好地进行护理操作。

（一）经络

1. 经络的概念

经络是经脉和络脉的总称，是运行气血的通路。经脉贯通人体的上下，沟通内外，是经络系统中的主干，呈干状分布；络脉是经脉别出的分支，较经脉细小，纵横交错，遍布全身，呈网状分布（图1-6）。

经络内属脏腑，外络肢节，沟通脏腑与体表之间，将人体脏腑、组织器官联系成为一个有机的整体，并借以运行气血，使人体各部的功能活动保持协调和相对平衡。

2. 经络的组成

我们主要学习十二经脉及奇经八脉中的任脉、督脉的一些常识。

（1）十二经脉包括：手三阴经（即手太阴肺经、手厥阴心包经、手少阴心经）、手三阳经（即手阳明大肠经、手少阳三焦经和手太阳小肠经）、足三阴经（即足太阴脾经、足厥阴肝经、足少阴肾经）、足三阳经（即足阳明胃经、足少阳胆经、足太阳膀胱经）。

（2）十二经脉在体表的分布规律：十二经脉左右对称，分布于头面、躯干、四肢，纵贯全身。

（3）六条阴经分布于四肢的内侧和胸腹部，上肢内侧是手三阴经，下肢内侧是足三阴经。

（4）六条阳经分布于四肢的外侧和头部、面部、躯干部。上肢外侧是手三阳经，下肢外侧是足三阳经。

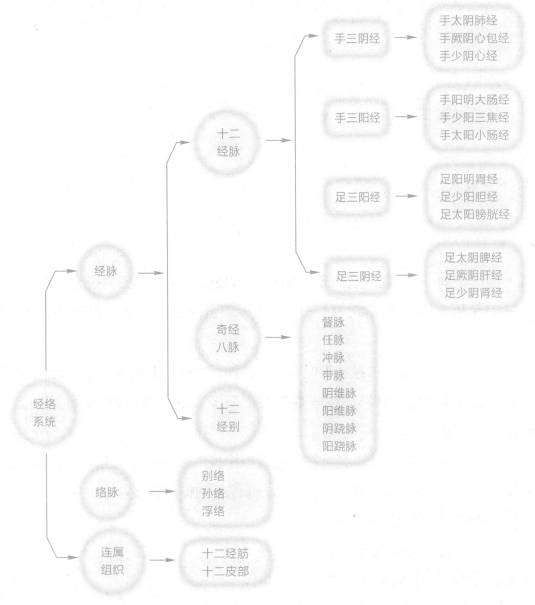

▲ 图 1-6　经络系统图

（5）手三阴经在上肢的排列顺序是：太阴经在前，厥阴经在中，少阴经在后。

（6）足三阴经在下肢的排列顺序是：在小腿下半部及足背部为：厥阴经在前，太阴经在中，少阴经在后；至小腿上半部以上排列为：太阴经在前，厥阴经在中，少阴经在后。

（7）手、足三阳经在四肢的排列顺序是：阳明经在前，少阳经在中，太阳经在后。

3．十二经的循行走向与交接

十二经的循行走向与交接见图 1-7。

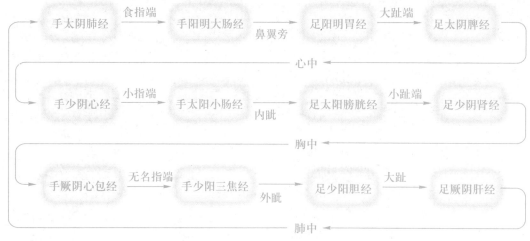

▲ 图 1-7 十二经的循行走向与交接

（1）循行走向：十二经脉有一定的循行走向规律，其中手三阴经为从胸部走向手部，手三阳经从手部走向头部，足三阳经从头部走向足部，足三阴经从足部走向腹（胸）部。

（2）十二经的交接：十二经脉不但有一定的循行分布，而且各经之间有着密切的联系。它们的联系途径是：阴经与阳经多在四肢部衔接，阳经与阳经在头面部相接，阴经与阴经在胸部交接。

（3）十二经脉的传注：十二经脉按一定顺序相接，逐经相传，构成一个周而复始的传注系统。气血通过经络系统到达全身各部。十二经的传注顺序为：

手太阴肺经→手阳明大肠经→足阳明胃经
手太阳小肠经←手少阴心经←足太阴脾经
足太阳膀胱经→足少阴肾经→手厥阴心包经
足厥阴肝经←足少阳胆经←手少阳三焦经

（4）任脉、督脉：任脉循行于胸腹正中，上抵颏部，各条阴经均来交会，有"阴脉之海"之称，可调节全身各阴经经气。

督脉循行于腰背正中，上至头面，各条阳经均来交会，有"阳脉之海"之称，可调节各阳经之经气。

4. 经络系统与皮肤

（1）经络系统与皮肤组织之间的关系：中医学认为，脏腑在体内，其功能是产生气血。皮肤在体表，受到气血的濡养。而经络系统是气血运行的通道，将内脏与皮肤连接起来，把内脏产生的气血输送到皮肤组织。这体现出内脏经络气血的整体观。

由于经络内属于脏腑，外络于肢节，所以对经络和经络上的穴位的适当按摩刺激，可以激发经络的功能，发挥其调节内脏、加强局部气血运行，通经活络，促进新陈代谢、美容驻颜的作用，若使皮肤充满活力，保健按摩动作应当用力和缓、均匀，点穴动作要使力量透达肌层，切忌动作粗暴。

（2）经络系统与面部皮肤的关系：面部经络功能、气血盛衰与面部皮肤的状态有密切关系。

从经络循行规律来看（表1-1），经脉（特别是十二经脉）集中汇聚于面部。手足同各三阳经交接于面部，手足三阴经通过经别（一种支脉）与阳经交汇于面部。此外，奇经八脉也直接或间接与面部发生联系。可以看出，五脏六腑的气血都通过经络系统集中输注于面部，为面部皮肤的新陈代谢提供丰富的物质基础。

中医认为：面部皮肤的颜色、光泽是内脏和气血功能活动盛衰的集中外在表现。脏腑功能旺盛，气血充沛，面部皮肤代谢正常，表现为红润、富有光泽和弹性。反之，则表现为各种不健康现象，如面色苍白、晦暗、水肿。总之，任何原因所致的脏腑功能紊乱、经络堵塞不通，均可导致颜面气血失于调和，从而破坏了面部皮肤代谢的内环境，造成皮肤脱水、干燥、分泌失常，发生色斑、痤疮等问题。

对面部经络、穴位进行适当按摩刺激，可加速气血运行，消除代谢废物的沉积，补充营养物质，从而有效地调节皮肤组织新陈代谢的内环境，达到护肤养颜的目的。

表1-1　十二经脉在体表分布的规律

	阴经（属脏）	阳经（属腑）	循行部位 （阴经行于内侧，阳经行于外侧）	
手	太阴肺经	阳明大肠经	上肢	前部
	厥阴心包经	少阳三焦经		中部
	少阴心经	太阳小肠经		后部
足	太阴脾经	阳明胃经	下肢	前部
	厥阴肝经	少阳胆经		中部
	少阴肾经	太阳膀胱经		后部

注：在小腿下半部和足背部，肝经在前部，脾经在中部，至内踝上8寸（1寸≈3.33cm）处交叉之后，脾经在前部、肝经在中部。

（二）腧穴

1. 腧穴的基本概念

腧穴是脏腑、经络之气输注于体表的特殊部位，也是疾病的反应点。"腧"同"输"

的意思，有转输、输注的含义；"穴"就是孔隙、凹陷。

2. 美容护肤常用腧穴

（1）面部护理常用腧穴见表1-2。

表1-2　面部护理常用腧穴

腧穴	位置	主治
翳风穴	耳后方凹陷处	耳聋、耳鸣、面瘫
听宫穴	耳屏前凹陷处	耳聋、耳鸣、牙痛
攒竹穴	眉头内侧凹陷处	三叉神经痛、面瘫、眼疾
承泣穴	眼平视，瞳孔直下下眼眶边缘处	急慢性眼病、视神经萎缩
四白穴	下眼眶中点凹陷处	三叉神经痛、眼病、面瘫
下关穴	颧弓骨下凹陷处	牙痛、下颌关节炎
颊车穴	咬肌的最高点	牙痛、面肿、三叉神经痛
地仓穴	嘴角旁半寸处	面肿、牙痛
迎香穴	鼻翼旁半寸处	鼻塞、流鼻涕、面瘫
人中穴	人中沟中点	面肿、面瘫、昏迷
承浆穴	下唇缘下凹陷处	面瘫、面肿、牙痛
太阳穴	眉梢与外眼角外开一寸	头痛、眩晕、感冒、眼疾

（2）身体护理常用穴位有八个。

曲池穴：屈肘90°，肘横纹头外0.5寸。功用：清热利湿。

水分穴：腹前正中线，脐上1寸。功用：利水消肿。

天枢穴：脐旁2寸。功用：调胃肠、理气血，消积化滞。

丰隆穴：外膝眼直下8寸，胫骨旁开1.5寸。功用：健脾胃，化痰湿。

四满穴：脐中下两寸，旁开0.5寸。功用：利水除满。

血海穴：髌骨内上缘2寸。功用：健脾化湿，活血调经。

三阴交穴：内踝上3寸，胫骨后缘取之。功用：滋肝益肾，健脾利水。

关元穴：腹前正中线，脐下3寸。功用：益气固体，利水化湿。

（3）丰胸常用穴位有十个：

中府穴：乳房上方锁骨下，靠上臂形成三夹角的凹窝。

中脘穴：脐上3寸。

灵台穴：背部第6胸椎棘突下的凹陷中。

膻中穴：胸骨正中线上，与第4、5肋交界的地方，两乳头正中。

乳根穴：乳房下缘，胸部两侧，第5与第6肋骨之间左右距胸中行（即乳中穴下）各3寸（两倍于3指宽度）外侧处。

大包穴：侧胸部，腋中线上，第6肋骨间隙处。

期门穴：左右乳头正下方，第6肋间内端处。

乳中穴：身体平躺，位于乳头的中央。

神封穴：胸口两侧，介于胸口正中与乳头之间，距胸中行各1.5寸处（约3指宽）。

少泽穴：小指指甲根部外侧的地方。

五、女性乳房

（一）乳房的结构

1. 乳房的特征

乳房位于胸前左、右第2至6或3至7肋骨间的大小胸肌上面，在胸骨与胸侧之间。形状是半球形或圆锥形，基底是椭圆形，水平直径稍大于垂直直径。从胸壁算起，乳房高7~9 cm。乳头位于乳顶，在第3、4或第4、5肋骨之间。

2. 结构

乳房由皮肤、乳腺和脂肪组成，其纤维组织向深层伸入，分成若干间隔，将乳腺分成15~20个乳腺小叶，以乳头为中心呈放射性排列。每一小叶有一排泄管，为输乳管，在近乳头处，输乳管扩大成为输乳管窦，末端变细，开口于乳头（图1-8）。

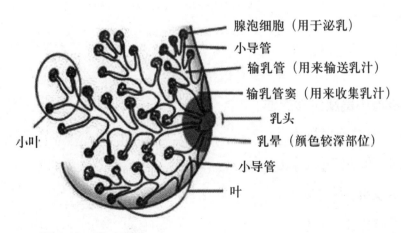

▲ 图1-8 乳房结构

（二）乳房的形状与健胸

乳房紧张而有弹性，中央有乳头，其顶端有输乳管的开口。乳头周围色素比较深的皮肤环形区称为乳晕。乳晕区有许多呈小圆突起的乳晕腺，可分泌脂状物，以润滑乳头。乳头和乳晕的皮肤比较薄，容易受损伤。

1. 乳房分型

（1）通常按乳轴高度与基底间直径比例大小，可将乳房分为三种类型。

碗形：乳轴高度为2~3 cm，小于乳房基底直径的1/2，属于比较平坦的乳房。

半球形：乳轴高度为3~5 cm，约为乳房基底直径的1/2。

圆锥形：乳轴高度在6 cm以上，大于乳房基底直径的1/2。

（2）按乳房的软硬度、张力、弹力及乳轴与胸壁的角度，分为三种类型。

挺立型：乳房张力大，弹性好，乳轴与胸壁几乎呈90°。

下倾型：乳轴稍向下，柔软且富于弹性。

悬垂型：乳轴显著向下，松软而弹性较差。

2. 理想乳房外观特征

（1）乳房左右对称、丰满、匀称、柔韧而富有弹性。

（2）乳房位置较高，在第2至第6肋间，乳头位于第3、4肋间。

（3）两乳头的间隔大于20 cm，乳房基底面直径为10~12 cm，乳轴（由基底面到乳头的高度）为5~6 cm。

（4）乳房皮肤光滑细嫩，形状挺拔，呈半球形。

（5）乳头、乳晕颜色浅红而不发黑，乳头大小适中。

3. 常见健胸方法

（1）运动健胸：扩胸运动。

（2）医疗健胸：手术。

（3）美容院综合健胸法。

（三）乳房发育不良及日常护理

1. 常见乳房发育不良种类

（1）小乳房：乳房较小，胸部平坦。

（2）乳房不发育：乳房扁平。

（3）乳房不对称：大小不一。

（4）乳头内陷。

（5）巨乳：乳房较大，比较罕见。

2．影响乳房发育的因素

（1）雌性激素分泌不够：由于雌性激素分泌不够，直接影响了乳腺管的生长发育及乳腺末端的分支，并导致了乳腺小叶和腺泡细胞发育不良，从而使乳房的发育受到影响。

（2）青春期营养不良：偏食、挑食等不良的生活习惯会影响和阻碍乳房的正常发育。

（3）束胸：由于心理障碍而把胸部束起来，或穿着过紧的乳罩。

（4）遗传因素。

（5）缺乏体育锻炼。

3．乳房日常护理方法

（1）保持心情舒畅，生活有规律，劳逸结合。

（2）饮食结构合理。

（3）加强体育锻炼。

（4）选用合适乳罩并保持清洁。

（四）乳房下垂与护理

1．乳房下垂的原因

（1）哺乳：如支持乳房的悬韧带缺乏韧性而两侧胸肌不够强壮，则易导致下垂。

（2）青春期发育过快：脂肪组织的过度增长会导致乳房过早下垂，即乳房早衰。

（3）不恰当的减肥。

（4）乳房疾病。

（5）外力。

2．乳房下垂的日常护理

（1）适当地哺乳：一般情况下，分娩8个月后，乳汁的分泌量日渐减少。

（2）青春期合理饮食。

（3）避免外力：避免粗野、猛烈的外力，避免挤压和外伤。

（4）选择合适的乳罩。

（5）合理地按摩。

现代社会，肥胖已成为人类健康的巨大威胁，因体质不同，每个人肥胖的原因都有所不同美体中减肥要有针对性。

（一）肥胖的含义

世界卫生组织把肥胖定义为脂肪过度堆积以致影响健康和正常生活状态。具体地讲，肥胖是人体由于各种诱因导致热量摄入超过消耗，并以脂肪的形式在体内堆积，使得体内脂肪与体重的百分比增大，或体重超过标准体重的 20% 以上，或体重指数加大的异常机体代谢和生理生化变化。

脂肪容易积存的部位有头颈、背脊、乳房、腹部和臀部。男性肥胖，脂肪又多积聚在头颈、背脊、腹部，尤其是下腹部。女性肥胖，脂肪多积聚在乳房、臀部、腹部和大腿，身体外形多表现为胸高、腹大、臀部宽圆。

（二）肥胖的分类与成因

1. 单纯性肥胖（原发性肥胖）

无明确的内分泌、遗传原因，热量摄入超过消耗引起脂肪组织过多。95% 的肥胖患者属于单纯性肥胖，一般所谓的"中年性肥胖"也是属于单纯性肥胖。大多数的肥胖属于单纯性肥胖。

人一般在 25 岁以后，由于营养过度，但是运动不够，多余的热量消耗不掉，使脂肪细胞堆积。这种肥胖可通过饮食和运动控制。单纯性肥胖的饮食诱因如：

（1）摄入过多：如糖类能促进脂肪生成酶的活性，又能促进胰岛素的分泌。胰岛素具有促进脂肪合成的作用，从而使脂肪蓄积，导致肥胖。

（2）节制饮食不当：增加酶的活性。

（3）进食速度过快和咀嚼次数过少。

2. 继发性肥胖（病理性肥胖）

主要是由于疾病引起的一种肥胖，这类肥胖较少见，仅占整个肥胖患者的 5% 以下。继发性肥胖可能因为中枢神经系统或内分泌系统病变而引起，故又称病理性肥胖。常见的病因有。

（1）脑部肿瘤、外伤、炎症等后遗症，丘脑综合症候群等。

（2）甲状腺功能减退，并常伴有黏液性水肿。

（3）性腺功能下降。

（4）胰岛素分泌过多，脂肪分解过少，而脂肪合成旺盛，代谢率降低，造成肥胖。

3．遗传性肥胖

此类肥胖由遗传方面的原因引起，并与饮食及生活习惯有关。据专家统计：父母双方都肥胖，他们的子女有 60%~80% 的概率肥胖；父母双方只有一人肥胖，他们的子女有 40% 的概率肥胖；父母双方均为瘦者，他们的子女只有 10% 的概率肥胖。同时，肥胖的部位也具有遗传性。

（三）肥胖的危害

（1）肥胖使人体态臃肿，活动不便，影响美观。

（2）肥胖对人体健康造成威胁。肥胖者心血管病的发病率较普通人高，易导致高血压和糖尿病。严重肥胖者甚至影响正常的性功能，引起不孕不育。

（3）肥胖对人的心理健康造成影响。肥胖者常见性情孤僻、自卑感强等心理问题。

（四）常见的减肥方法

1．饮食减肥

当摄取的食物变成热量，且大于消耗的热量时，脂肪聚积，就会出现肥胖。通过调节饮食，控制摄入的热量，不使热量过剩，可减少脂肪的堆积。同时，要注意减慢吃饭速度，多吃粗纤维食品，多喝水。

2．运动减肥

通过加大每天的运动量，增加热量的消耗，减少脂肪的堆积，是一种有效的减肥方法。例如快走、慢跑、登山、游泳、做有氧操。

3．药物减肥

这不是减肥的首选方法，应该在其他方法疗效不佳或无效的情况下使用，而且服用药物时间不能过长，因为大部分减肥药都有一定的副作用。常用的减肥药的作用有四类。

（1）抑制食欲。

（2）增加水的排出。

（3）增加肠蠕动，加速排泄。

（4）增加热量消耗。

4．沐浴减肥

可通过洗澡出汗法达到良好的减肥效果，常用的有温泉、桑拿。

5．仪器减肥

如使用振动推脂仪、电子感应结实肌肉仪等进行减肥。

6．按摩减肥

对肥胖的部位施以局部按摩、点穴，通过疏通经络、流通气血，促进脂肪的分解与热量的消耗，达到减肥的目的，配合美体类化妆品使用，效果更好。

7．手术减肥

通过吸脂、皮肤脂肪切除等整形美容手术来进行减肥，手术减肥适用于局部脂肪堆积者及皮肤松弛者，不适用于全身性肥胖的顾客。

七、身体分析

（一）身体分析的目的及内容

为顾客进行身体分析可以获得顾客的身体健康情况、体形情况、皮肤情况、肌肉弹性等信息，其目的是为合理制订护理计划提供依据。

1．评估体重

一个体形匀称的人，身高与体重应该相称。由于种族、地理环境、营养条件、遗传等因素的影响，加之审美观点的不同，不同国家和地区对身高与体重的比例都有不同的标准。美体中常用的评估体重的方法有两种。

（1）简单计算法。如常用的体质指数（BMI）计算法：BMI= 体重（千克）/ 身高（米）^{2}。在美体中可以根据人体体型的不同，采用更为方便的方法计算理想体重。

长江流域以北的"北方人"：

$$理想体重（kg）= [身高（cm）-150] \times 0.6+50$$

长江流域以南的"南方人"：

$$理想体重（kg）= [身高（cm）-150] \times 0.6+48$$

$$指数百分比 = （实际体重-理想体重）\div 理想体重 \times 100\%$$

指数百分比 ±5%均为正常体重。

指数百分比 5% ~10%为超重。

指数百分比 10% ~25%为轻度肥胖。

指数百分比 25% ~40% 为中度肥胖。

指数百分比 40% 以上为重度肥胖。

指数百分比 -5% ~-20% 为消瘦。

指数百分比 -20% 以下为重度消瘦。

（2）查表法

表 1-3 为我国 18~25 岁青年的身高与标准体重对应表。

表 1-3 身高与标准体重对应表

身高/cm	标准体重/kg
150	身高 - 102
150~155	身高 - 105
155~165	身高 -（105~107）
165~170	身高 -（107~109）
170~180	身高 -（109~111）
180 以上	身高 -（111~115）

25 岁以上者，按上述方法测得的标准体重再加 2~4 kg 为标准体重。

超出标准体重 5 kg 以内（占体重的 10% 以下）为超重。

高于标准体重 5 kg 以上（超体重 10% 以上）为肥胖症。

超出标准体重 10% ~20% 者为轻度肥胖。

超出标准体重 20% ~40% 者为中度肥胖。

超出标准体重达 40% 以上者为重度肥胖。

低于标准体重 5 kg 以下者为消瘦。

2. 评估"三围"

许多现代人，特别是在健美比赛中，很重视"三围"——胸围、腰围、臀围。三围比例适当，才能形成女性特有的曲线美和男性健美的体魄。正常的"三围"也是人体健康状态的有效指标。

东方女性的三围标准一般为：

标准胸围 = 身高 ×1/2（cm）

标准腰围 =（身高 ×1/2）- 20（cm）

标准臀围 =（身高 ×1/2）+4（cm）

3. 评估体形

人的体形是左右对称的，如左右两眉、两腿、两耳、两侧牙齿；两侧胸廓以胸骨为中线；两肩、四肢以脊柱为中线，都是均衡对称的。

我国的医学美容学者将体形美的对称性、均衡、和谐、完整等有机地结合起来，提出了具体的体形美标准。

（1）骨骼的组合构成人体的基本轮廓，这是体形美的基础，人体骨骼发育正常，构造对称，比例适当。

（2）肌肉是维持人体丰满、体质健壮的主要条件。男子肌肉匀称发达，轮廓清楚，线条分明；女子体态丰满、富有弹性，而且无肥胖臃肿感。

（3）男子双肩对称，挺拔宽厚；女子肩圆，略显下削平肩，无耸肩或垂肩之感。

（4）脊柱呈直线，侧视具有正常的生理曲度，弯曲度顶点与脊柱正中的垂直间距为2~5 cm，肩胛骨无翼状隆起或上翘。

（5）男子胸部宽厚，胸肌发达，块形清晰，外形流畅，胸廓呈梯形，背阔肌紧张发达，给人以健美感；女子乳房挺拔丰满，不下坠，富有弹性，乳头位于半球形的中央，乳房呈半球形或圆锥形，侧视有明显的女性曲线美。

（6）臀部圆满。男子的臀部结实，微呈上翘；女子的臀部圆而紧，富有弹性，位置高于耻骨水平线，不显下垂。

（7）腰细而有力，微呈圆柱形。女子腰部柔软。

（8）腹部扁平，无过多脂肪堆积。男子腹部可见肌肉轮廓。

（9）四肢修长，线条柔和，肌肉丰满，各部的围径适当，轮廓明显。肢体对称，在两腿并拢时，正视和侧视均无屈曲感。

（10）整体上看，无粗笨、虚胖或消瘦、畸形、重心不稳、形态异常。同时有健全的身体结构，各器官系统功能健全，具有充沛的精神面貌。

总之，体形的健美标准，除了形体、身材匀称外，还要有坚实的肌肉、健壮的体魄，行动敏捷，富有朝气，才是理想的标准。

（二）设计身体情况分析表

身体情况分析表是在做身体情况分析时快速记录关于顾客的有用信息的工具。一般情况下，身体情况分析表的设计需要满足以下要求：能够清楚反应顾客的情况，便于查看，使用简便，方便记录。

身体情况分析表的内容包括。

1. 基本信息

顾客的姓名、性别及详细地址。

2. 联系方式

顾客的联系方式，如电话号码等。

3. 年龄及家庭情况

顾客的年龄及其子女的人数和年龄等。

4. 顾客的身体情况

（1）以前做过的重要手术以及可能影响身体护理的状况。

（2）曾患有的严重疾病。

（3）目前的服药情况。

（4）妇科记录。

（5）顾客的身高、体重，身体各部位第一次测量的记录。

（6）顾客的身材分析。

（7）顾客的皮肤状况。

5. 顾客的护理记录

思考题

· 美体师为什么要对顾客进行身体情况分析？身体情况分析应该包括哪些方面的内容？

· 请叙述身体护理的流程。

· 熟识人体常用穴位。

· 请描述理想乳房的特征。

· 什么是肥胖？肥胖分为哪几大类？

· 练习身体情况分析步骤，并正确填写身体情况分析表。

第二单元
美体常用护理手法

学习目标

◎ 了解身体护理的工作流程。

◎ 掌握身体清洁、按摩和敷体膜的护理技巧。

◎ 掌握身体腹部、背部、腿部减肥,丰胸的基本护理方法。

主题三　美体护理流程

一、准备工作

（一）美体师的准备

保持仪容仪表整洁，着工作装、工作鞋，清洁双手并保持双手温暖。准备好按摩介质，1条浴巾、2条大毛巾、2条包头毛巾、1件浴衣等护理时需要使用的物品，一次性备齐，以减少走动的次数。

（二）顾客的准备

协助顾客更换衣物，嘱其保管好随身携带物品。操作前告诉顾客护理步骤、护理时间、护理的方法等内容，使顾客了解即将进行的全部护理过程，做好心理准备。

（三）环境设备的准备

为顾客创造一个舒适温馨的环境，按摩室应有足够的空间，以使美体师可以围绕按摩床自由走动，完成按摩动作；按摩室的灯光要柔和，气氛要和谐，尽可能采用自然光或间接灯光，避免将灯饰安装在天花板上而直接照射顾客眼睛。按摩床的宽度和高度要适宜，若按摩床太宽，会使美体师用力困难，不利于有效使用力度。宽度和高度适当，才能使美体师进行真正令顾客满意的按摩。毛巾、毛毯、浴袍等物品的颜色力求协调，达到和谐统一，增添顾客的视觉享受（图3-1、图3-2）。

▲ 图 3-1　温馨按摩室

▲ 图 3-2　豪华按摩室

二、身体清洁

美体师用消毒剂清洁双手。顾客进行身体清洁，着浴衣、穿一次性内裤进入按摩房。

身体清洁具体见主题四。

三、实施护理

具体护理操作的内容见主题五与主题六。

四、结束工作

帮助顾客穿衣，送顾客到休息处，清理床位，清洁并消毒用品、用具，结束整理工作要做得细致认真。

五、身体护理的注意事项

1. 养成职业好习惯

（1）护理之前应认真了解顾客的身体健康情况。

（2）护理全过程应该随时观察顾客的反应，询问顾客需求，灵活调整护理计划。

（3）美容院、美容师有责任维护顾客的隐私权，不得向他人泄露顾客的信息。

2. 明确不宜护理的情况

（1）饭前、饭后一小时内不宜进行身体护理。

（2）对患有传染性皮肤病、皮肤有破损等的顾客，不可进行身体护理。

（3）酒后不宜进行身体护理。

（4）知觉障碍者不适合进行身体护理。

（5）癫痫、传染病患者禁止进行身体护理。

主题四　身体的清洁

水是皮肤最好的美容剂，经常淋浴可以及时清除皮肤表面的灰尘和污垢，防止细菌感染，保持皮肤的健康。

（一）沐浴的主要作用

1. 清洁和保护皮肤

汗腺每天排出 700~1 000 mL 汗液（夏天一日可达数千毫升），皮脂腺排出的许多油脂和外界的尘土混合在一起，形成污垢，如不及时清除，会堵塞毛孔，影响皮肤的新陈代谢。经常清洁皮肤，能促进排汗，保证皮肤有效调节体温；活跃皮肤的新陈代谢，有利于角质层老化细胞的脱落；防止细菌感染；加强皮肤的呼吸功能，使皮肤滋润、嫩滑。

2. 舒缓和放松

用热水沐浴，能提高神经系统的兴奋性，引起血管扩张，促进血液循环，改善器官和组织的营养状态；可降低肌肉张力，使肌肉放松，有利于消除疲劳；可加速新陈代谢。

3. 刺激和按摩

经常失眠的人睡前洗温水澡（36 ℃左右，泡浴 30 min），可促进睡眠。温度适宜的浴水对皮肤、神经有安抚作用。

（二）沐浴常用方法

1. 淋浴

作用于人体表面产生较强的刺激作用，可加速机体的新陈代谢，促使皮肤的血管扩张，加上水温的作用，能振奋精神，使人充满活力。

2. 泡浴

现代人不仅将泡浴作为清洁皮肤的手段，还将其作为保养肌肤和治疗疾病的手段之一。泡浴时，机体受到水温、静水压力及浮力等因素的作用，具有一定的治疗效果。

（三）沐浴用品

1. 毛巾

选购毛巾时，宜选择色泽淡雅的全棉制品，用后洗净并消毒晒干。

2. 丝瓜络

丝瓜络是一种天然制品，由脱水的老丝瓜制成，浸湿后会膨胀软化。选购时，以网络细密、色泽白净、柔软者为上品。丝瓜络能帮助清洁皮肤及去除皮肤表面的死细胞，洗澡时在丝瓜络上涂上沐浴液或香皂，然后擦洗全身肌肤。

3. 磨砂膏

磨砂膏能柔和地磨去阻塞在毛孔里的死细胞，有助于皮肤的新陈代谢。使用时将它涂在用水打湿的皮肤上，用浸湿的海绵以打圈的方式按摩手肘、膝、足踝，每周1~2次，对粗糙皮肤的肤质改善较为有效，可使肌肤滋润光泽。

4. 粗手套

粗手套用亚麻布缝制，具有清洁和按摩的作用。使用时将沐浴露涂抹于粗手套表面，然后用其擦洗肌肤。

5. 长柄软毛刷

长柄软毛刷可用于清洁双手较难触及的部位，如背部。购买时，最好选用动物鬃毛制成的、毛质柔软的浴刷，常使用有促进血液循环及清洁皮肤的作用。

6. 擦背带

擦背带指一种使用方便的擦背用具，一般为一条两端带有把手的细长毛巾。

7. 海绵

海绵是一种较方便的沐浴用具，海绵洗起来感觉舒服，可将皮肤清洗得很彻底。最好使用天然海绵，它较人造海绵更为柔软耐用。

8. 指甲刷

沐浴时，用指甲刷来刷洗手指甲和趾甲。

9. 沐浴露

要根据皮肤的性质，选择能彻底清洁皮肤并保护肌肤水分的沐浴露。

10. 润肤霜和乳液

浴后或护理结束时使用润肤霜或乳液，可以使肌肤柔软、滋润。

11. 浴巾

应准备两块浴巾，一块用于擦干皮肤，另一块用来包裹身体。

12．消毒剂

用于沐浴用具及器具的消毒，一般常用的有碘伏、高锰酸钾、酒精、来苏水、新洁尔灭及现代新型消毒产品。使用前应仔细阅读使用说明。

（四）沐浴露、润肤霜和乳液的选择

想要保护好自己的皮肤，达到美肤的目的，应采用适宜的护肤品和最佳保养方法。

1．干性皮肤

干性皮肤油脂少，干燥，易脱屑，应选择含牛奶、木瓜、芦荟、蜂蜜、甘油等成分的产品，要注意保护皮脂。淋浴不宜过勤，宜用温水，用中性或弱酸性沐浴液清洁，不宜用碱性皂类。

2．油性皮肤

油性皮肤油脂多，应选择含薄荷、柠檬等成分的产品，要注意保持皮肤清洁。沐浴宜勤，夏季每天 1~2 次，可选用弱碱性沐浴品，洗净过多皮脂。

3．中性皮肤

中性皮肤油脂分泌适中，是健康理想的皮肤类型。要注意保护皮肤，夏季每天沐浴1 次，冬季每周沐浴 1~2 次。可用温水或热水，选用中性皂类，浴后可用些润肤霜。还要注意肤质随季节变化而发生的变化，夏季变油时按油性皮肤护理，冬季变干时按干性皮肤护理。为了防止衰老，可以经常用冷热水交替沐浴，以增加皮肤弹性，防止皱纹产生，加快血液循环，滋润皮肤。

（五）沐浴水温的选择

1．冷水浴（24 ℃以下）

冷水浴可提高心肌功能，改善心肌营养，提高血液循环效率，增加皮肤营养，使皮肤富有弹性且不易患皮肤病，时间为 3~5 min。

2．低温水浴（24~33 ℃）

在 24~33 ℃的浴水中洗浴时，下半身会有冷的感觉，会使人寒战，同时身体可消耗热量。低温水浴使人疲乏，是一种刺激强烈的洗澡法。此法可增强神经兴奋性，强化心血管功能，提高肌肉张力，时间为 6 min，不超过 10 min。

3．等温浴（34~36 ℃）

在等温水中，人不感到热也不感到冷，10 min 就有昏昏欲睡的感觉，有镇静功效。

等温浴可降低神经的兴奋性，加强大脑皮质的抑制功能，起到镇静催眠的作用，时间为10~15 min，适用于神经衰弱、失眠、皮肤瘙痒、肌肉疼痛、关节痛等症。

4. 中温或微温浴（37~41 ℃）

37~41 ℃浴水中沐浴时，皮肤血管扩张，脉搏加快，血压下降，有缓解和消除肌肉痉挛的作用。时间为 20 min，对心脏负担小，对血压影响也最小，是心血管疾病及高血压患者的理想沐浴水温。

5. 高温或热水浴（41 ℃以上）

可促进新陈代谢，使气血流通。人在发汗过程中排除了体内的代谢产物和毒素。热水浴有解痉、镇静、舒筋活血、消除疲劳、振奋精神等作用。

（六）沐浴的注意事项

1. 饭前饭后 30 min 内不宜沐浴

空腹洗澡，易导致低血糖，使人感到眩晕。饭后饱腹洗澡，皮肤血管受热水刺激而扩张，胃肠及内脏各器官内的血液都集聚到身体的表层，易造成胃肠血液供应减少，使消化器官功能减弱，影响食物的消化、营养的吸收。

2. 沐浴时注意保暖

沐浴后，皮肤毛孔张开，遇风寒易感冒，故洗浴后应尽快擦去身上的水珠，穿衣保暖，忌风防寒。

3. 浴水温度适宜

要根据个人身体状况及护理目的，选择合适的沐浴温度。沐浴前需试水温，以免过热烫伤或过冷受寒，从而造成不必要的伤害。

4. 浴后应防止虚脱

刚从浴缸中出来的人，有时会发生头晕、胸闷、恶心、四肢无力等"晕澡"症状。这是因为在热水中沐浴时，血管因温度变化而扩张，洗澡时间越长，流向体表的血液越多，流向大脑的血液越少。预防办法是水温应该从低到高，体弱的人可在沐浴前先喝杯淡盐水，以防出汗过多发生虚脱。沐浴时间不宜过长。

5. 运动后不宜马上沐浴

剧烈运动后，体内的大量血液都集中在肌肉和皮肤的血管中，此时洗浴，脑部会供血不足，同时加大心脏负担，因此，应避免运动后立即入浴，应待心率恢复正常后过一会儿再沐浴。

6．身体出汗时忌冷水浴

身体出汗时，毛孔都张开着，此时进行冷水浴，寒气会侵入肌肤，易使人体患病，特别是夏天，人刚从外面回来，切忌冷水浴。心脏病、高血压、关节炎、坐骨神经痛及其他神经痛患者、对冷水过敏者不宜冷水浴。

二、水疗浴

狭义的水疗浴，包括冷水浴、热水浴、蒸汽浴、游水浴、气泡浴、水下冲灌、浮力浴、吊床浴、二氧化碳浴、盐浴、湿包扎、灰泥浴等，是比较偏向医疗目的的水疗方式。在水疗浴受到重视，并且在休闲市场中不断得到开发之后，水疗浴的范围被拓宽了，增加了冷热交替浴、池壁按摩、冲击浴、抽打浴、瀑布浴、足浴、海藻浴、芳香浴、药草浴等新内容。

水疗浴护理的主要作用有温度刺激作用、化学作用和机械刺激作用三方面，下面介绍六种常见的方法。

（一）牛奶浴

牛奶对滋养皮肤、防止干燥有很好的作用，长期使用会使皮肤细腻柔滑。牛奶浴是在盛有温水的浴桶中倒入适量牛奶，浸浴 20~30 min。

（二）海盐浴

海盐浴具有消除疲劳、消毒杀菌、消肿、防止皮肤干燥瘙痒等功效，方法是在盛有温水的浴桶中加入 20 g 左右的海盐搅匀，然后用丝瓜络擦全身，使皮肤微微发热，再用温水清洗干净，可使皮肤结实，富有弹性。此外，海盐浴亦可用温热植物油加入适量细盐，取毛巾浸湿，擦拭皮肤上有黑斑的地方，这样可减轻皮肤黑斑。

（三）酒浴

酒浴具有消毒、杀菌、强健肌肤的功效。因为酒能有效扩张皮肤血管，所以酒浴适用于治疗风湿痹痛、筋脉痉挛、肢体冷痛等症。浴后可使循环改善，代谢加快，皮肤光洁、柔软、富有弹性。其方法是在盛有温水的浴桶中加入 500 mL 左右的黄酒（米酒）搅匀，浸泡 20 min，最后洗净。

（四）精油浴

通过嗅觉和经由皮肤吸收，精油分子进入人体血液循环系统，影响人体各脏器，传递到中枢神经，可影响精神状态和情绪。精油浴能对人体产生平静、镇静或振奋的功效，同时对皮肤有滋润、营养的作用。

（五）药草浴

药草浴是利用不同水温和在水中加入适当药物，通过泡浴从而达到防治疾病、强身健体目的的护理方法。在进行药草浴时，其排汗功效可改善皮肤营养状况，促进皮肤新陈代谢，所以，面色会变得红润，皮肤细腻而有光泽。同时，药草浴还可以促进肠胃蠕动，浴后排便更加通畅。

（六）醋浴

醋浴能促进血液循环并促进新陈代谢，利用水的温度加上醋的效用，能将身体的寒气由内而外地去除，舒缓疲惫的身心。此外，醋还含有丰富的酸类物质，能在沐浴时温和地去除全身老化的角质层。

三、深层清洁

随着皮肤的不断更新，每天都有 4% 左右的皮肤表层细胞脱落，由新生的细胞进行替换。成年人的上皮细胞更新周期为 21~28 天。如果在某些因素的影响下，老化的角质细胞长时间不脱落或脱落过缓，在皮肤表面堆积过厚，皮肤就会显得粗糙、发黄、无光泽，并影响皮肤正常生理功能的发挥。这时就需要进行深层清洁，为身体去角质。

（一）深层清洁的作用

第一，清除毛孔及皮肤纹理深处的污垢；第二，去除老化多余的角质；第三，清除皮肤深层的毒素和代谢产物；第四，为身体护理做准备。

（二）深层清洁的方法

身体去角质一般在淋浴、泡浴或干湿蒸后进行。当身体角质软化后，再根据皮肤性质选择深层清洁产品，在肌肤上以打圈的方式轻轻按摩，特别要注意皮肤较为粗糙的部位，如手肘、膝盖、脚后跟等部位需要多花些时间，然后用水冲洗干净。注意不要在皮肤娇嫩的部位如胸部使用深层清洁产品，如果皮肤上有湿疹、静脉曲张、疤痕和发炎的部位，也要避开。

（三）去角质周期

根据皮肤类型，去角质的周期一般为：油性肌肤一周去角质 1 次；干性肌肤两周甚至 1 个月去角质 1 次；中性肌肤要视需要部位和皮肤的状况而定，一般 1~2 周去角质一次；敏感性肌肤建议不去角质。

（四）深层清洁的注意事项

（1）力度的控制要根据皮肤的类型、厚度、部位以及产品颗粒的大小来决定。

（2）脱屑的时间、方法、产品的选择根据皮肤的性质而定。

（3）关节褶皱部位的脱屑时间可以适当延长。

（4）使用含颗粒的产品应该在皮肤湿润的情况下进行。

（5）每次脱屑时间不宜过长，全身 20~30 min 为宜。

（6）深层清洁后必须清洗干净，并检查无颗粒残留，方可进行下一步的护理。

（7）身体去角质后，避免长时间日照。

主题五　按摩

一、身体按摩的作用

（一）疏通经络

《黄帝内经》中记载：经络不通，病生于不仁，治之以按摩。这说明按摩有疏通经络的作用，如按揉足三里、推脾经可增加消化液的分泌功能。从现代医学角度来看，按摩主要是通过刺激末梢神经，促进血液、淋巴循环及组织间的代谢过程，以协调各组织、器官间的功能，使机体的新陈代谢水平有所提高。

（二）调和气血

明代养生家罗洪先在《万寿仙书》里说："按摩法能疏通毛窍，能运旋荣卫。"这里的"运旋荣卫"，就是调和气血之意。因为按摩就是以柔软、轻和之力，循经络、按穴位，施术于人体，通过经络的传导来调节全身，借以调和气血，增强机体健康。现代医学认为，通过推拿手法的机械刺激，将机械能转化为热能，可以提高局部组织的温度，促使毛细血管扩张，改善血液和淋巴循环，使血液黏滞性降低，降低周围血管阻力，减轻心脏负担，对心血管疾病有一定防治作用。

（三）提高机体免疫能力

推拿按摩具有抗炎、退热、提高免疫力的作用，可增强人体的抗病能力。有人曾对儿童保健推拿进行试验，结果是，经推拿的儿童，发病率低于对照组，身高、体重、食欲等各项指标皆高于对照组。

二、按摩基本手法

按摩基本手法包括按法、摩法、推法、拿法、揉法、捏法、颤法和打法八种。按摩时，八种手法不是孤立地使用一种，而常常是几种手法相互配合进行的。

按摩基本手法（一）

（一）按法

利用指尖或指掌，在顾客身体的适当部位，有节奏地一起一落按下，称作按法。通常使用的有单手按法（图5-1）和双手按法。在两肋下或腹部，通常应用单手按法或双手按法。背部或肌肉丰厚的地方，还可使用单手加压按法（图5-2），也就是左手在下，右手轻轻用力压在左手指背上的一种方法；也可以右手在下，左手压在右手指背上。

（二）摩法

摩，就是抚摩的意思。用手指或手掌在顾客身体的适当部位，给以柔软的抚摩，称作摩法。摩法多配合按法和推法，有常用于上肢和肩端的单、双手摩法（图5-3）和常用于胸部的双手摩法。

（三）推法

向前用力推动叫推法（图5-4、图5-5）。因为推与摩不能分开，推中已包括摩，因此推、摩常配合一起用。尤其在两臂、两腿肌肉丰厚处，多用推摩。常用的有单手或双手两种推摩方法。

（四）拿法

用手把适当部位的皮肤稍微用力拿起来，称作拿法，常用的部位为腿部或肌肉丰厚处（图5-6）。

（五）揉法

用手贴着顾客皮肤，做轻微的旋转活动的揉拿，称作揉法。揉法分单手揉和双手揉（图5-7）。

按摩基本手法（二）

像太阳穴等面积小的地方，可用手指揉法，对于背部面积大的部位，可用手掌揉法。还有单手加压揉法，比如揉小腿处，左手按在顾客腿肚处，右手则加压

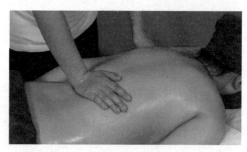

▲ 图5-1　单手按法

▲ 图5-2　单手加压按法

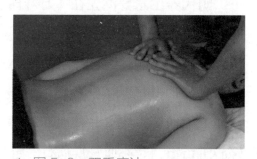

▲ 图5-3　双手摩法

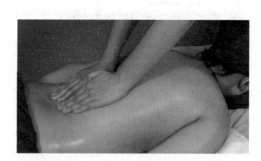

▲ 图5-4　推法（一）

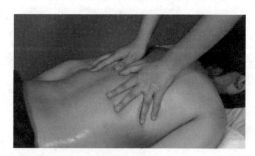

▲ 图5-5　推法（二）

在左手背上，进行单手加压揉法。在肌肉丰厚的小腿肚上，则可使用双手揉法。揉法具有消瘀去积、调和血行的作用，对于局部痛点，使用揉法十分合适。

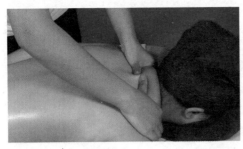
▲ 图5-6 拿法

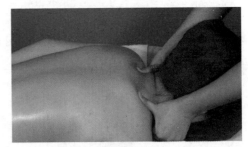
▲ 图5-7 双手揉

（六）捏法

在适当部位，利用手指把皮肤和肌肉从骨面上捏起来，称作捏法（图5-8）。捏法和拿法有某些类似之处，不同之处在于：拿法要用手的全力，捏法则着重在手指上；拿法用力要重些，捏法用力要轻些。捏法是按摩中常用的基本手法，它常常与揉法配合进行。捏法，实际包括了指尖的挤压作用，捏法轻微挤压肌肉的结果，能使皮肤、肌腱的活动能力加强，从而改善血液和淋巴循环。浅捏可去风寒，可化瘀血；深捏可以治疗肌腱和关节囊内部及周围因风寒而引起的肌肉和关节疼痛。

（七）颤法

颤法是一种震颤而抖动的按摩手法。动作要迅速而短促，并以均匀为合适。要求每秒钟颤动10次左右为宜，也就是每分钟达到600次左右为宜。颤法与"动"分不开，所以又叫它颤动手法（图5-9）。

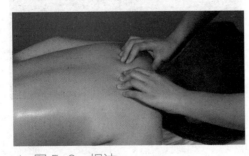
▲ 图5-8 捏法

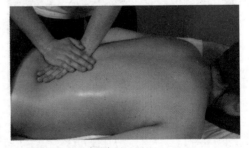
▲ 图5-9 颤法

（八）打法

打法又叫叩击法，多在按摩后配合进行。当然，必要时也可单独使用打法。使用打法时，手劲要轻重有准，柔软而灵活。手法合适，能给顾客以轻松感，否则就是不得法。打法主要用双手。常用手法有侧掌切击法、平掌拍击法、横拳叩击法和竖拳叩击法等。

1. 侧掌切击法

将双手手掌侧立，拇指朝上，小指朝下，指与指间要分开1 cm左右，手掌落下时，手指合拢，抬手时又略有分开，一起一落，两手交替进行（图5-10）。

2. 平掌拍击法

双手手掌平放在肌肉上，一先一后有节奏地拍打（图5-11）。

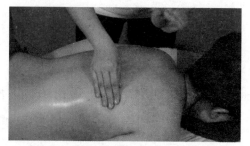

▲ 图5-10　侧掌切击法　　　　　　▲ 图5-11　平掌拍击法

3. 横拳叩击法

两手握拳，手背朝上，拇指与拇指相对，握拳时要轻松活泼，手指与掌间略留空隙，两拳交替横叩。此法常用于肌肉丰厚处，如腰腿部及肩部（图5-12）。

4. 竖拳叩击法

两手握拳，取竖立姿势，大拇指在上，小指在下，两拳相对。握拳同样要轻松活泼，手指与掌间要留出空隙（图5-13）。

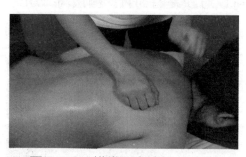
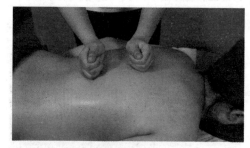

▲ 图5-12　横拳叩击法　　　　　　▲ 图5-13　竖拳叩击法

以上四种打法，主要用在肌肉较丰厚的地方，如颈、肩、背、腰、大腿、小腿处。叩打的力量，应该先轻后重，再由重而轻。当然，这里所谓的"重"，不是用极重的力量，而是相对地稍稍加劲的意思。总之，使顾客有舒服感就算合适。在打法的速度上，一般是先慢而后快，慢时每秒两下，快时逐渐增加到每秒六下或八下。无论使用哪一种打法，开始第一下都不能用力过猛，应当软中有硬，刚柔相济，而后逐渐转强。手掌落下时，既要有力，又要有弹性，使顾客感觉舒服。叩打时间一般是 1~2 min，最多 3 min。

三、按摩介质

在进行人体按摩时，应根据身体的不同情况和皮肤的不同性质选择按摩介质。常用的介质主要有芳香精油、基础油等（使用方法详见第四单元）。

（一）芳香精油

取自芳香植物的纯净精油，有单方精油和复方精油之分，具有天然的保健特质以及令人陶醉的香味，故已沿用数千年。芳香精油历经各时代的改良，演变成了今日结合嗅觉、触觉、听觉、味觉、视觉的芳香精油护理。身体按摩通常使用的是调和的复方精油，主要有以下五类。

1. 精神放松型

（1）组成：薰衣草、天竺葵、橙花、檀香、杜松、百里香等。

（2）作用：减轻身体和精神上的压力。适用于缓解因考试临近、等待面试、工作烦恼、客户投诉、商务应酬等导致的紧张、愤怒等情绪。

2. 美容保湿型

（1）组成：薰衣草、天竺葵、杜松、松木、迷迭香、鼠尾草等。

（2）作用：皮肤保湿，增加皮肤营养，使皮肤光滑滋润、富有弹性，增进皮肤健康，适用于肌肤干燥、脱皮、发痒及外出旅游引起的皮肤暂时性干燥等症。

3. 减肥紧肤型

（1）组成：柏树、柠檬、葡萄柚、茴香、百里香、印度薄荷等。

（2）作用：有助于去除身体内多余的脂肪及水分，达到肌肉紧实的作用。

4. 肌肉放松型

（1）组成：肉桂、柏树、尤加利树、薰衣草、松木、迷迭香、鼠尾草等。

（2）作用：使肌肉逐步温暖、放松、舒缓。适用于经过长途旅行、运动过量、爬山、姿势不正、久站久坐、长途乘车颠簸等导致的肌肉紧张、疲劳。

5. 修复型

（1）组成：薰衣草和洋甘菊。

（2）作用：使人充满活力，有助于修复皮肤及肌肉组织，可促进伤口皮肤的愈合。护肤后的皮肤、因强烈日晒而受损的皮肤可适量使用。

（二）基础油

基础油常萃取自植物种子或果实。用于身体按摩时，可根据顾客不同的皮肤性质和个人喜好进行选择。常用的基础油有以下四类。

1．橄榄油

从橄榄果实中萃取出来的植物油，淡黄色液体，具有独特的天然味道，是很好的皮肤按摩油。

2．葡萄籽油

由葡萄籽提炼而来，是质地清爽的植物油，富含维生素 E，具有良好的渗透力，颜色为淡黄色或绿色。

3．荷荷巴油

萃取自荷荷巴果实，富含多种维生素和营养油脂成分，即使不与精油搭配，也可以作为功效良好的芳香疗法用油。它具有良好的保湿性，能在表皮外形成稳定的保湿膜，降低水分流失。

4．小麦胚芽油

来自冷压的小麦胚芽，含有丰富的维生素 E，适用于老化的肌肤及蜕皮的皮肤。

除了芳香精油、基础油外，润肤油、按摩油等也可降低皮肤的粗糙程度，增加按摩的润滑度，使皮肤细腻、柔嫩。

四、常用身体按摩手法

身体按摩是根据神经、肌肉的走向，用手在身体表面的软组织上操作，促使身体的血管、肌肉以及神经系统产生良性效应。按摩的目的是放松疲惫的身心和保养皮肤。

背部俯卧位
（一）

（一）背部（俯卧位）

（1）涂抹油。美体师将油倒于手心，双手将油均匀搓开，两手放于顾客腰部，顺脊柱两侧向上将油展开。顺斜方肌走向分别涂抹到肩头、肘，沿手臂内侧到胁肋、腰侧，涂抹到起点，反复数次（图5-14）。

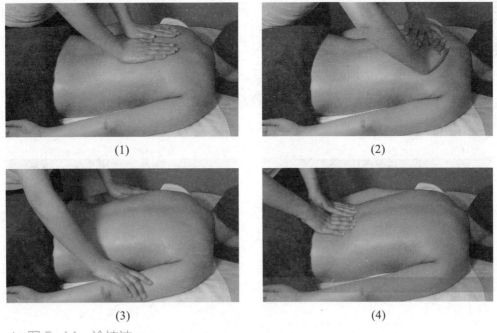

(1)   (2)

(3)   (4)

▲ 图 5-14　涂抹油

（2）双侧螺旋推背。两手从腰部开始，由内向外呈螺旋状，依次向上推至背部、肩、颈，从肩部抹至肘部，经腋后沿胁肋、腰侧回到起点（图5-15）。

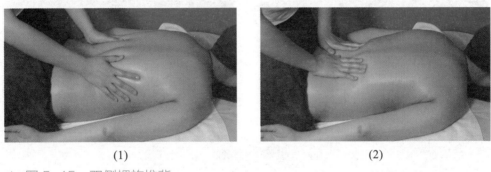

(1)   (2)

▲ 图 5-15　双侧螺旋推背

（3）单侧螺旋推背。两手交替，从脊柱一侧向胁肋推抹至肩，向上提拉斜方肌并交替拉抹至肩肘，双手顺肩、背、胁、腰回拉至对侧腰部（图5-16）。

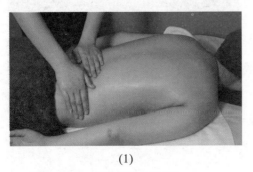
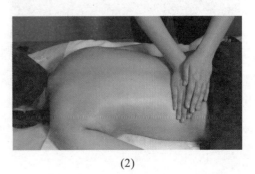

(1)   (2)

▲ 图 5-16　单侧螺旋推背

背部俯卧位
（二）

（4）掌推背。双手叠压置于腰部，沿竖脊肌从腰部掌推至颈根部，提拉斜方肌，顺斜方肌走向，抹至肩头、肘部，再沿手臂内侧经腋后至胁肋、腰侧，拉回起点，对侧同法（图5-17）。

（5）分推背。双手交替从脊柱中心朝两侧分推，依次从腰至肩，对侧同法（图5-18）。

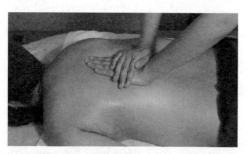
▲ 图5-17 掌推背

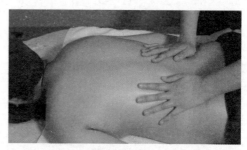
▲ 图5-18 分推背

（6）按摩肩部。双手交替拿捏对侧斜方肌，拇指沿肩胛骨内侧，交替推抹到肩胛下角，弹拨肩胛内侧到腋后，对侧同法（图5-19）。

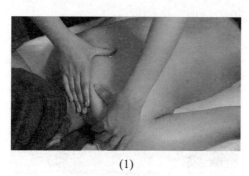
(1)

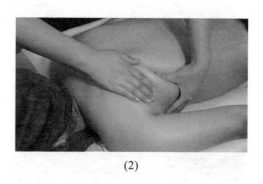
(2)

▲ 图5-19 按摩肩部

（7）按摩手臂。双手交替从肩推抹到肘部，拿捏三角肌，拉抹上肢，对侧同法（图5-20）。

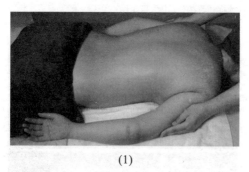
(1)

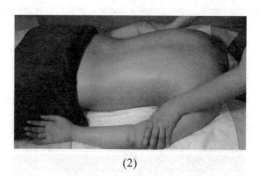
(2)

▲ 图5-20 按摩手臂

（8）按抚背部。双手交替分别从两侧颈部分推到肩、肘，回拉到颈部，再从颈部沿脊柱两侧掌推到腰，分推经两侧胁肋回拉到颈部（图5-21）。

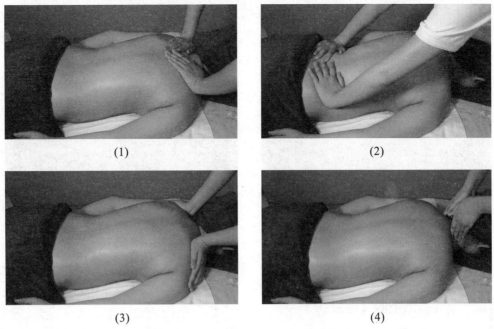

(1)　　　　　　　　　　　　　(2)

(3)　　　　　　　　　　　　　(4)

▲ 图 5-21　按抚背部（一）

背部俯卧位
（三）

（9）分推背部（图5-22）。

（10）揉捏肩颈。双手同时揉捏两侧肩颈，分抹肩肘，回拉到颈，从颈部沿脊柱两侧经胁肋到肩（图5-23）。

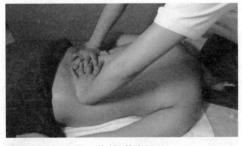

▲ 图 5-22　分推背部

▲ 图 5-23　揉捏肩颈

（11）掌推背部。双手交替掌指推一侧背部，从腰经肩到肘，再拉到腰，对侧同法（图5-24）。

（12）按抚背部。掌推从腰到肩、背、肘，回拉经两胁肋到腰（图5-25）。

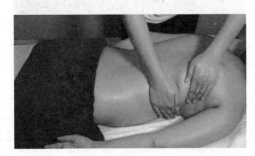

▲ 图 5-24　掌推背部

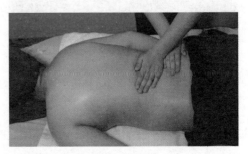

▲ 图 5-25　按抚背部（二）

（13）颤动背部。以手掌沿脊柱两侧颤动背部（图5-26）。

（14）叩敲背部（图5-27）。

（15）按抚结束。

▲ 图5-26　颤动背部

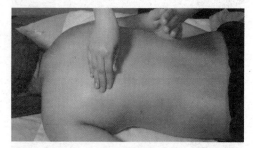
▲ 图5-27　叩敲背部

下肢俯卧位
（一）

（二）下肢（俯卧位）

（1）涂抹油。美体师将油倒于手心，双手将油均匀搓开。两手沿顾客臀上部、臀横纹、大腿后侧、腘窝、小腿后侧、足踝展油，从足踝沿小腿后侧推至臀部，拉抹至足底，掌压足底，再从足踝向上推至臀部（图5-28），反复数遍。

（2）揉捏臀部。从臀外侧向内上揉捏，向上推臀横纹部肌肉，由外向内掌揉臀部肌肉（图5-29）。

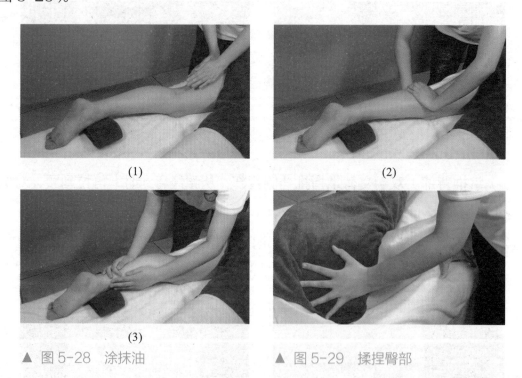
(1)　(2)　(3)

▲ 图5-28　涂抹油　　　　　▲ 图5-29　揉捏臀部

（3）推下肢。两手沿腿外侧从足踝推至大腿根部（图5-30），返回拉抹至足底。

（4）交替推下肢。双手交替掌推小腿至腘窝，在腘窝处用拇指轻抹，再沿大腿后侧交替掌推至臀部（图5-31）。

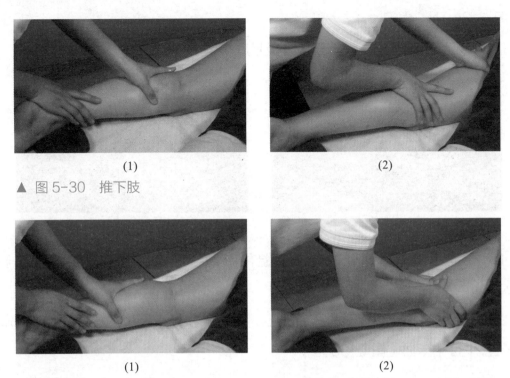

(1)
(2)
▲ 图 5-30　推下肢

(1)
(2)
▲ 图 5-31　交替推下肢

（5）提拉大腿内侧。双手交替由下向上提拉大腿内侧肌肉（图5-32）。

（6）摩擦下肢。双手横推摩擦下肢后侧肌肉，从大腿根部至脚踝（图5-33）。

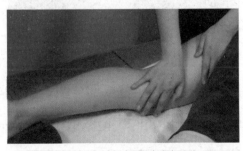

▲ 图 5-32　提拉大腿内侧

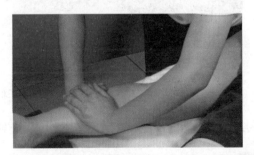

▲ 图 5-33　摩擦下肢

（7）揉足跟。拇指、食指揉跟腱两侧（图5-34）。

（8）推足底。掌推足底，从足跟到足趾（图5-35）。

下肢俯卧位
（二）

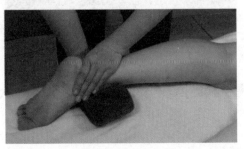

▲ 图 5-34　揉足跟

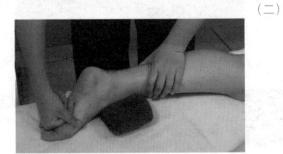

▲ 图 5-35　推足底

（9）按摩踝关节。小腿后举90°成竖位，先内旋后外旋，活动踝关节，指揉足踝关节（图5-36）。

（10）扳足。小腿竖位，双手五指分扳足底（图5-37）。

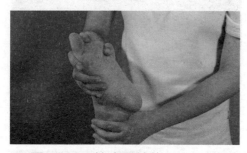

▲ 图 5-36　按摩踝关节

▲ 图 5-37　扳足

（11）揉捏小腿。小腿竖位，一手握住脚踝，固定，另一只手揉捏小腿（图5-38）。

（12）压足屈腿。一手置于腘窝、一手握足背，将处于竖位的小腿压向臀部，然后小腿复位，平行于床面（图5-39）。

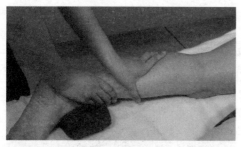

▲ 图 5-38　揉捏小腿

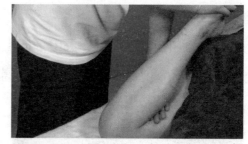

▲ 图 5-39　压足屈腿

（13）揉捏下肢。双手交替揉捏下肢后侧肌肉，从足踝至臀根部（图5-40）。

（14）摩擦下肢。交替横推摩擦下肢后侧肌肉，从臀根部至足踝（图5-41）。

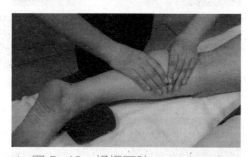

▲ 图 5-40　揉捏下肢

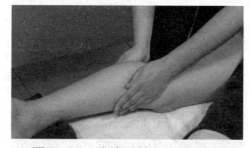

▲ 图 5-41　摩擦下肢

下肢俯卧位
（三）

（15）分推下肢。两手掌从腿中间向两侧分推下肢后侧肌肉，从臀根部至足踝（图5-42）。

（16）相对揉捏下肢。一手在腿内侧，一手在腿外侧，双手相对，揉捏下肢内、外侧肌肉至足踝（图5-43）。

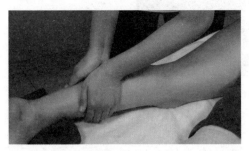

▲ 图5-42　分推下肢

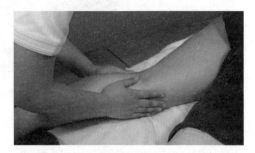

▲ 图5-43　相对揉捏下肢

（17）交替推下肢。双手交替掌推下肢肌肉，从足踝至臀根部（图5-44）。

（18）交替叩敲下肢（图5-45）。

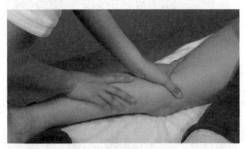

▲ 图5-44　交替推下肢

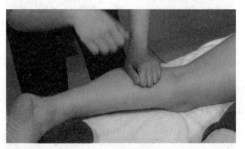

▲ 图5-45　交替叩敲下肢

（19）颤动下肢肌肉（图5-46）。

（20）按抚下肢结束（图5-47）。

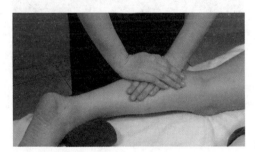

▲ 图5-46　颤动下肢肌肉

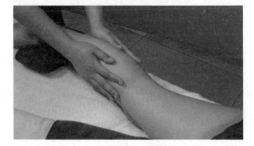

▲ 图5-47　按抚下肢结束

（三）下肢（仰卧位）

（1）涂抹油。将油置于美体师手心，双手摩擦。双手从顾客大腿根部、小腿至足踝、足背展油，双手合抱足踝，向上推至大腿根部，返回拉抹至足尖（图5-48）。

下肢仰卧位

（一）

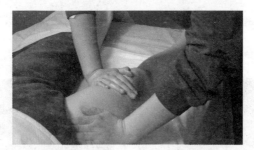

▲ 图 5-48　涂抹油

（2）交替掌推腿部。双手交替，沿小腿内、外两侧推至膝关节，双手拇指沿髌骨轮廓打圈，再从膝关节交替掌推至大腿根部（图 5-49）。

（3）提拉大腿内侧。双手交替由下向上提拉大腿内侧肌肉（图 5-50）。

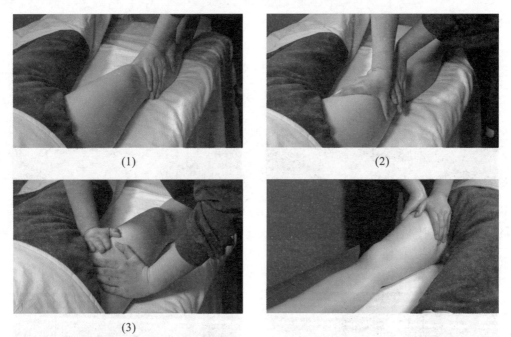

（1）　　　　　　　　　　　　　　　（2）

（3）

▲ 图 5-49　交替掌推腿部　　　　　　▲ 图 5-50　提拉大腿内侧

（4）摩擦下肢。双手横推，摩擦下肢肌肉，从大腿根部至足踝，梳理跖间肌肉（图 5-51）。

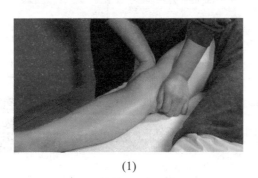
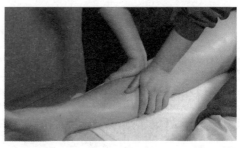

（1）　　　　　　　　　　　　　　　　　　　（2）

▲ 图 5-51　摩擦下肢

（5）拉抹足。双手握足，从足跟向足尖拉抹（图5-52）。

（6）揉足踝。双手拇指沿内外脚踝指揉并画圈（图5-53）。

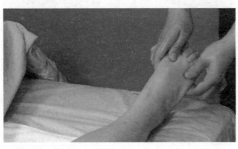
▲ 图5-52　拉抹足

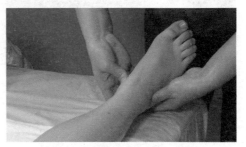
▲ 图5-53　揉足踝

（7）活动踝关节。一手握住足跟，另一只手掌压足背，再用手掌推压足底（图5-54）。

下肢仰卧位
（二）

（8）指推胫前肌。拇指推胫骨前缘外侧肌肉，从足踝至髌骨（图5-55）。

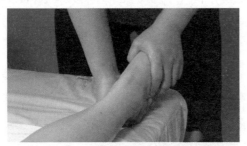
▲ 图5-54　活动踝关节

▲ 图5-55　指推胫前肌

（9）按揉髌周。拇指点压髌周韧带（图5-56）。

（10）掌推大腿。双手交替掌推大腿，从膝关节向上至大腿根部（图5-57）。

▲ 图5-56　按揉髌周

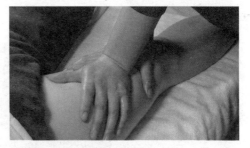
▲ 图5-57　掌推大腿

（11）分推大腿。两手从中间向两侧分推大腿肌肉，从大腿根部至膝关节，掌推压胫外侧、胫前肌至足部（图5-58）。

（12）推大腿、揉小腿。两手从足部推至大腿根部（图5-59）。

（13）摩擦下肢。双手掌交替摩擦大腿、小腿。

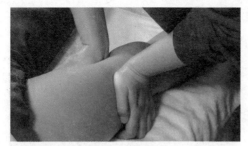

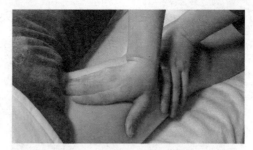

▲ 图 5-58　分推大腿　　　　　　　　　▲ 图 5-59　推大腿、揉小腿

（14）颤动下肢。

（15）抖动下肢。

（16）下肢按抚结束。

上肢仰卧位

（四）上肢（仰卧位）

（1）涂抹油。将油置于美体师手心，双手摩擦。双手从顾客手腕向上涂抹，经手臂绕至肩头，返回合抱上肢，向下拉抹，回到指尖（图 5-60）。

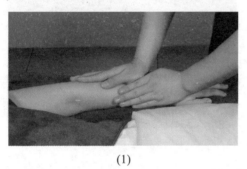

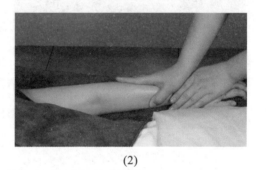

（1）　　　　　　　　　　　　　　（2）

▲ 图 5-60　涂抹油

（2）掌推上肢。双手交替掌推上肢内侧，从手腕至肩部，绕肩合抱上肢，拉回指尖（图 5-61）。

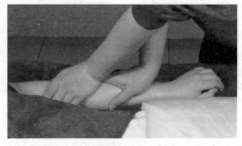

▲ 图 5-61　掌推上肢

（3）揉捏上肢肌群。两手由远心端至近心端揉捏上肢肌群（图 5-62）。

（4）揉搓上肢肌群。两手由近心端向远心端揉搓上肢肌群（图 5-63）。

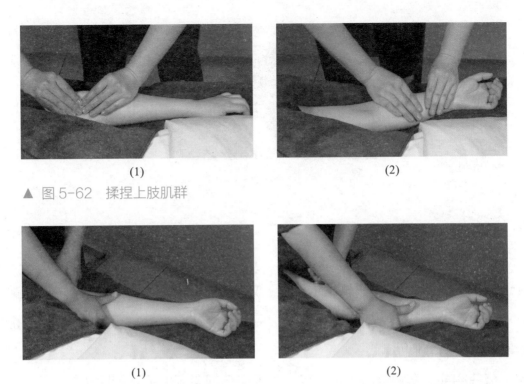

(1)   (2)

▲ 图 5-62 揉捏上肢肌群

(1)   (2)

▲ 图 5-63 揉搓上肢肌群

（5）梳理手部。拇指推手掌，依次从掌根至指尖，指揉手背掌缝，拉伸手指，分抹手背（图 5-64）。

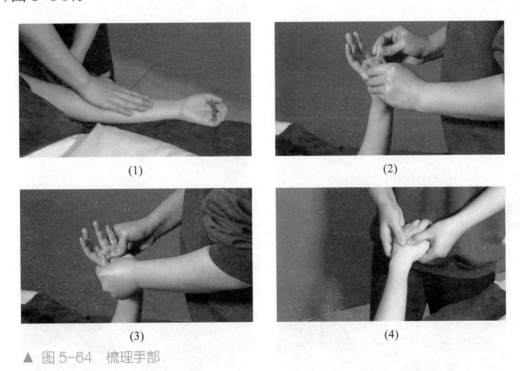

(1)   (2)

(3)   (4)

▲ 图 5-64 梳理手部

（6）按抚结束。牵拉抖动手臂，按抚结束（图 5-65）。

▲ 图 5-65　按抚结束

（五）胸腹部（仰卧位）

图略。

（1）涂抹油。将油置于美体师的手心，双手摩擦后涂于顾客的胸、腹部。在腹部打圈向上，从胸骨剑突沿胸骨柄至胸骨上窝，双手从乳房上缘分推至腋前线，沿肋肋拉抹回腹部（重复数遍）。

（2）梳理胸部。从胸骨沿锁骨下窝，双手交替推向肩部（对侧同法）。

（3）推肋间肌。从前正中线沿肋骨推向腋中线（对侧同法）。

（4）推抹腹部。双手交替沿顺时针方向打圈。

（5）推结肠。沿肋弓从中间向外侧，从腰外侧向腹股沟方向双手交替推抹。

（6）双手叠压。顺结肠方向推拉。

（7）揉捏腹部。

（8）颤动腹部。

（9）按抚腹部结束。

头部仰卧位

（六）头部（仰卧位）

（1）指揉头皮（图5-66）。

（2）指压头皮（图5-67）。

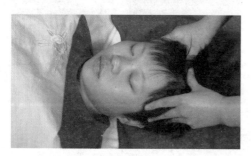

▲ 图 5-66　指揉头皮

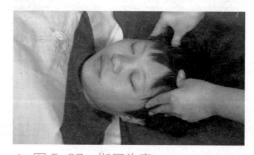

▲ 图 5-67　指压头皮

（3）梳理发根（图5-68）。

（4）轻拉头发（图5-69）。

▲ 图5-68　梳理发根

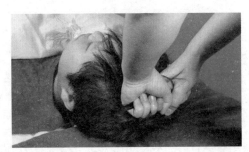
▲ 图5-69　轻拉头发

五、身体按摩注意事项

进行身体按摩须注意以下事项：

（1）按摩前要修整指甲，用热水洗手，同时，将戒指等有碍操作的物品预先摘掉。

（2）站在顾客的侧边，这样便于操作。

（3）按摩力度要适中，并随时观察顾客表情，使顾客有舒适感。

（4）按摩时间，每次以20~30 min为宜，按摩次数以12次为一疗程。

（5）饱食之后，不要急于按摩，一般在饭后2 h左右进行按摩为宜。

（6）按摩时，有些顾客容易入睡，应给其盖上毛巾，以防着凉。有对流风的地方，不要按摩。

主题六　体膜

体膜是在身体表面涂敷的一层含有各种矿物质、营养添加剂等有效成分的膜粉或膏体。体膜可以在皮肤表面形成一层与外界隔离的膜，从而起到保养皮肤、雕塑体形、缓解肌肉疲劳的效果。

常用的体膜主要有中草药体膜、身体泥膜与身体蜡膜三类。

（一）中草药体膜

中草药是中医学的重要组成部分，许多中草药在美容美体方面都有独特的功效，它的特点是取材广泛、简单易行、针对性强，因而成为体膜的主要原料。

根据个体皮肤的性质，中草药体膜采用各种不同的中药成分（如红花、当归、花粉）组成，制作方法是：将组成配方的中药粉碎、密封并按功效分类（如增白体膜、保湿体膜、营养体膜），还可加入珍珠粉、蜂蜜、牛奶等原料，待使用时用蒸馏水将其调成糊状。

1. 主要作用

现代药理研究证实，大多数美容美体的中草药含有生物碱、氨基酸、维生素、植物激素等，它们作用于皮肤组织后，使皮肤组织通过新陈代谢直接获得营养物质，从而达到滋润、养颜、除皱、增白等作用。这种体膜涂抹于身体上，能够膨胀、软化皮肤角质层，使身体皮肤光滑润泽。同时，体膜在干燥的过程中，可形成一层薄膜，使身体皮肤更紧实。

2. 使用方法

（1）准备一次性护床薄膜，将护床薄膜分别铺在美容床与床侧的地面上，以免在操作中将美容床及地面弄脏，不利于清洁。

（2）使用时，加蒸馏水，将中草药粉末、珍珠粉、蜂蜜、牛奶等调成糊状。

（3）将调和好的中草药体膜用体膜刷直接涂抹于顾客身体上，要求涂抹厚薄均匀，速度要快。未涂抹的部位可用大毛巾盖住，以免着凉。

（4）在涂有体膜的部位包上保鲜膜后盖上毛巾，也可以在上面再包裹电热毯，以增加有效成分的吸收。

（5）体膜在体表停留 20 min 后，撤去保鲜膜与电热毯。

（6）将顾客身体上的中草药体膜收集到小碗里，然后倒入垃圾桶中。

（7）请顾客自行沐浴，洗净身上的体膜。

（8）最后，在顾客身体上喷上爽肤水并涂抹乳液。

（二）身体泥膜

身体泥膜呈极细粉末状，含有丰富的矿物质，是在自然条件下，通过地质变迁，经风化、沉积以及受复杂的物理、化学、生物、气候等因素影响，地表或深层的物质经水溶解而成。泥溶液的主要成分为矿物质及溶解的盐类和气体（氧气、二氧化碳），矿物质主要包括硅酸盐和碳酸盐等，有机物质主要包括蛋白质及卵磷脂等高级脂类。泥中含有大量的细菌，如硫化氢杆菌、白硫杆菌等。在身体护理中常用的泥膜种类有：淤泥、泥煤腐殖土、黏土和人工泥。

1. 身体泥膜的主要作用

第一是温热作用，使毛细血管扩张，血液循环增加，改善皮肤营养，使肌张力降低，具有解痉的作用。在温热作用下，引起全身反应，如体温会稍有升高，促进汗腺、皮脂腺的分泌作用。

第二是压力作用，泥类物质有一定的重量，作用于人体时，对组织产生压迫作用，可促进淋巴回流加快，改善组织新陈代谢。

第三是化学作用，泥膜中含有各种矿物质和有机物质等成分，可通过皮肤的吸收或附着在体表刺激皮肤或黏膜，对机体产生一定的护理作用。

2. 使用方法

（1）准备一次性护床薄膜。将护床薄膜分别铺于美容床及床侧的地面上，以免在操作中将美容床与地面弄脏，不利于清洁。

（2）使用泥膜前，用蒸馏水将泥膜粉调和成糊状。

（3）将调和好的泥膜直接涂抹在身体上，要求涂抹厚薄均匀，速度要快。

（4）等待 20 min（在等待的过程中，为了加强吸收效果，可以将顾客带到远红外线太空舱或蒸汽舱中加热，使护理效果更佳）。

（5）请顾客沐浴，洗净身上的泥膜。

（6）最后，在顾客身上喷上爽肤水并涂抹乳液。

（三）身体蜡膜

身体蜡膜是将石蜡、蜂蜡等加热熔化后作为导热体，敷于身体各部位，从而达到护理效果的产品和操作过程。

1．身体蜡膜的主要作用

第一是温热作用，使毛细血管扩张，血液循环增加，改善皮肤营养，降低末梢神经的兴奋性，使肌张力降低，具有解痉的作用，在温热作用下，引起全身反应，如体温会稍有升高，促进汗腺、皮脂腺的分泌。

第二是渗透作用，蜡膜在皮肤表面呈封闭状，能很好地锁住皮肤里面的水分，防止皮肤水分的流失，配合补水产品使用时，有助于补充皮肤水分。

第三是压力作用，石蜡在冷却的过程中，体积逐渐缩小，产生一定的张力，从而增强皮肤弹性。

2．使用方法

（1）将蜡膜用恒温熔蜡炉熔化后待用。

（2）准备一次性护床薄膜。将护床薄膜分别铺于美容床及床侧的地面上，以免在操作中将美容床与地面弄脏，不利于清洁。

（3）在顾客毛发丰富的部位涂抹凡士林，再用纸巾遮盖住，保护好毛发。

（4）准备工作完成后，美容师用钢化玻璃碗将恒温熔蜡炉中已熔化的蜡取出。

（5）在上膜之前，美体师应先在自己的手臂内侧测试蜡膜温度，以免温度过高烫伤顾客。

（6）确定蜡膜温度适宜后，用刷子涂抹到顾客全身，涂抹分部位进行操作，在涂抹到身体比较隐蔽或转角明显的部位时，可请顾客配合操作。要求涂抹厚薄均匀，速度要快。

（7）涂抹结束以后，可用保鲜膜包裹保温。

（8）等待 30 min，然后将蜡膜卸除。

（9）用毛巾将顾客身上的蜡膜擦拭干净。

（10）最后，在顾客身上喷上爽肤水并涂抹乳液。

主题七 局部按摩手法

一、腹部减肥

（一）腹部按摩减肥手法

（1）涂抹油。顾客仰卧，腹部打大圈（图7-1）。

腹部减肥按
摩手法

（2）腹部打反圈。右手平扣于腹部，全掌着力，按逆时针方向做快速掌揉，左手用指揉法辅助配合，重复30~36次（图7-2）。

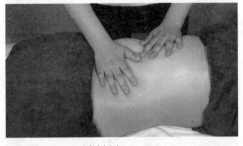

▲ 图 7-1 涂抹油

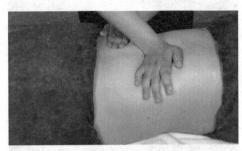

▲ 图 7-2 腹部打反圈

（3）腹部打正圈。左手依顺时针方向，做快速掌推，右手用指揉法辅助配合，重复30~36次（图7-3）。

（4）腹部马蹄扣。四指并拢微弯曲屈，与拇指、大小鱼际、五指呈马蹄形，迅速抖动手腕，用爆发力叩击腹部（图7-4）。

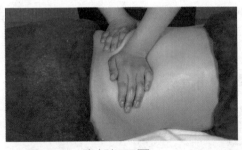

▲ 图 7-3 腹部打正圈

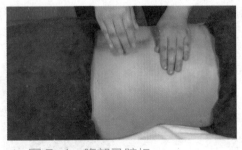

▲ 图 7-4 腹部马蹄扣

（5）对拉腹部。双手手掌使用根推法，从两侧后腰向腹部迅速交替用力推，每侧推30~40次（图7-5）。

（6）腹部拧麻花。用拇指、大鱼际、中指搓法，在腹部快速搓动（图7-5至图7-6）。

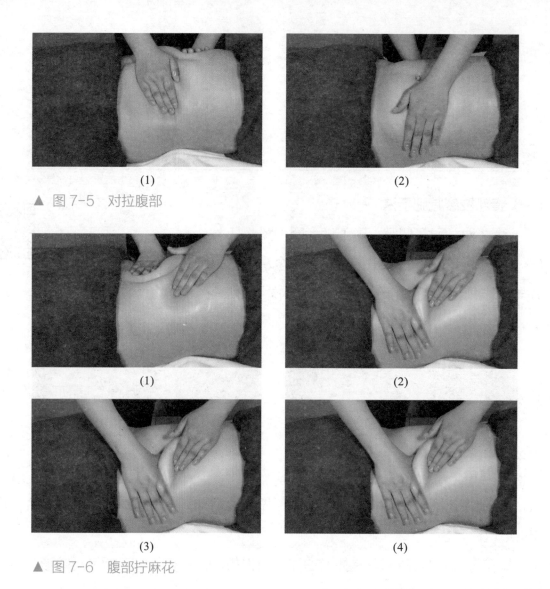

(1)　　　　　　　　　　　　(2)

▲ 图 7-5　对拉腹部

(1)　　　　　　　　　　　　(2)

(3)　　　　　　　　　　　　(4)

▲ 图 7-6　腹部拧麻花

（7）轻抚。双手四指并拢，指尖相对，同时用力推到肋骨下（小指可以触及肋骨），双手同时向外侧旋转 180°，在腰部分别用双手的食指、无名指托住背阔肌，用爆发力提（图 7-7）。

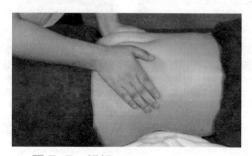

▲ 图 7-7　轻抚

（8）提拉腹两侧。双手五指并拢，指尖相对，同时用力推到肋骨下（小指可以触及肋骨），双手同时向外侧旋转 180°，在腰部双手五指并拢，略微弯曲，手腕放松，迅

　　　　第二单元　美体常用护理手法

速抖动手腕，用爆发力快速从腰两侧将脂肪全部提起来（图7-8）。

（9）震颤。双手手掌交叠放在肚脐上，小臂快速颤动（图7-9）。

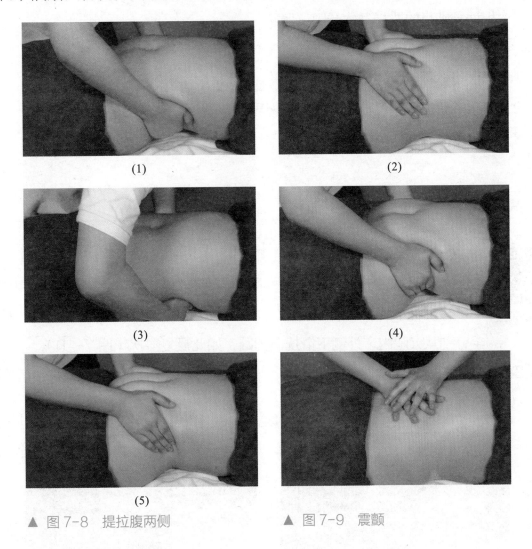

(1)

(2)

(3)

(4)

(5)

▲ 图 7-8 提拉腹两侧　　　▲ 图 7-9 震颤

（二）腹部减肥护理程序

1. 护理前的准备

（1）美体师准备相关的物品、仪器及环境。

（2）帮顾客进行身体分析并填写顾客资料。

（3）帮顾客测量体重及身体围度。

（4）顾客自行沐浴，清洁身体。

2. 护理程序

（1）为顾客进行身体热疗，如湿蒸、泡浴及光波浴。

（2）根据顾客皮肤类型选择深层清洁产品。

（3）选择减肥产品并配合按摩手法在顾客腹部按摩 15~20 min。

（4）使用超声波导入减肥精华素。

（5）根据减肥目的选择身体减肥仪器。

3．护理后

（1）再次量体称重，并记录结果。

（2）提出家居护理建议及运动、饮食指导。

（3）结束工作。

二、腿部减肥护理手法

腿部减肥按
摩手法（一）

（一）腿部减肥按摩手法

（1）涂抹油并平推腿部。令顾客仰卧，涂抹按摩油或精油，双手横位，平掌轻抚整个腿部至油涂抹均匀为止。先由膝盖向上平推至大腿根，然后两手分别从大腿内、外侧下滑抚向脚趾，如此反复多次（图 7-10）。

（2）按揉大腿。双手掌部由膝盖的内、外侧顺时针打圈，揉至大腿根，然后拉回至膝盖，如此反复多次（图 7-11）。

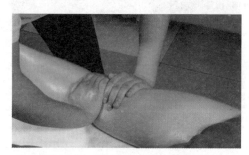
▲ 图 7-10　涂抹油并平推腿部

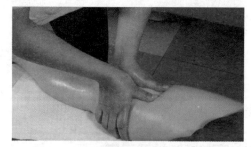
▲ 图 7-11　按揉大腿

（3）双手重叠按揉大腿。双手重叠，由膝盖上部开始，一边按压，一边打圈至大腿根部，然后按抚拉回（图 7-12）。

（4）小鱼际按揉大腿内外侧。一只手稳定大腿肌肉，另一只手用小鱼际由膝盖外侧按揉大腿外侧肌肉至髋关节，然后拉回，如此反复多次。按摩完大腿外侧，换手，再按揉大腿内侧。按摩完一条腿，换站位，然后按摩另一条腿（图 7-13）。

（5）叩击腿部。双手合掌叩击腿部并拍打，在腿部脂肪厚的地方用力要重一些，在脂肪少的地方用力要轻一些（图 7-14）。

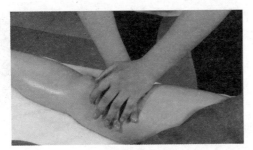
▲ 图 7-12 双手重叠按揉大腿

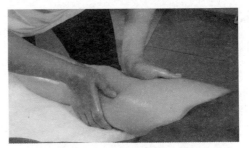
▲ 图 7-13 小鱼际按揉大腿内侧

（6）按抚法平推腿部。令顾客仰卧，抹油，双手横位，平掌轻抚整个腿部至油涂抹均匀为止，先由膝部向上平推至大腿根，然后两手分别从大腿内、外侧下滑抚向脚趾，如此反复多次（图7-15）。

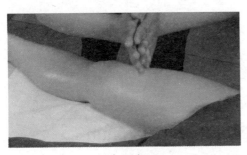
▲ 图 7-14 叩击腿部

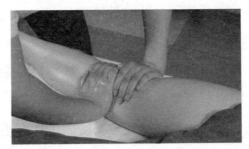
▲ 图 7-15 按抚法平推腿部

（7）按揉大腿。双手掌从腘部的内、外侧顺时针打圈至臀部，然后拉回至小腿，如此反复多次（图7-16）。

（8）拿捏腿部。双手虎口相对，五指弯曲，呈钳状。当手指与腿部肌肉接触时，将肌肉抓拿起来，稍拿即放，由腘部拿捏至臀部（图7-17）。

腿部减肥按摩手法（二）

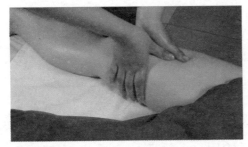
▲ 图 7-16 按揉大腿

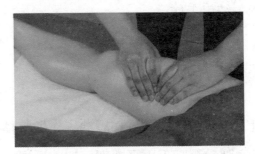
▲ 图 7-17 拿捏腿部

（9）握拳揉按腿部。双手微握拳，用四指的第一关节顶压按揉腿部脂肪厚实的地方，自上而下，打圈揉按（图7-18）。

（10）先后双手拍打、握拳叩打、合掌叩打腿部。

（11）按抚并平推腿部。

（12）双手重叠，按揉小腿。

（13）拿捏小腿。

（14）先后握拳叩打、合掌叩打小腿。

（15）收尾，同第一步。

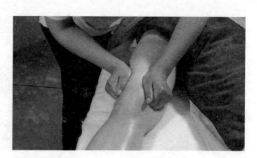

▲ 图7-18　握拳揉按腿部

（二）腿部减肥护理程序

1．护理前的准备

（1）美体师准备相关物品、仪器及环境。

（2）为顾客进行身体分析并填写顾客资料。

（3）帮顾客测量体重及身体围度。

（4）顾客沐浴，清洁身体。

2．护理程序

（1）为顾客进行身体热疗，如湿蒸、泡浴及光波浴。

（2）根据顾客皮肤类型选择深层清洁产品。

（3）选择减肥产品并配合按摩手法在顾客腿部按摩 15~20 min。

（4）使用超声波导入减肥精华素。

（5）根据减肥目的选择身体减肥仪器。

3．护理后

（1）再次量体称重，并记录结果。

（2）提出家居护理建议及运动、饮食指导。

（3）结束工作。

三、背部减肥护理手法

（1）平推背部。涂抹按摩油，先做整体按抚动作。双手平抚后背，经臀部平推到颈椎，沿肩胛骨至腋下再至臀部，如此反复。开始用力要轻一些，然后加大力度。

背部减肥按摩手法（一）

（2）平推后背，搓揉肩部。双手掌置于臀部，沿脊柱两侧推至肩膀，揉捏（图7-19）。

（3）捏拿肩部。双手拇指与四指相

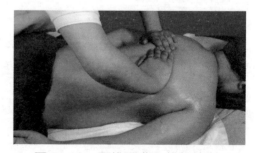

▲ 图7-19　平推后背，推揉肩部

对，在肩膀、肩胛骨处捏拿，对侧同法（图 7-20）。

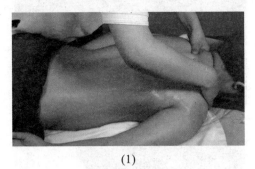
(1)

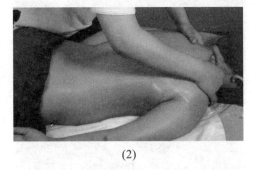
(2)

▲ 图 7-20　捏拿肩部

（4）交替轻推颈部。双手拇指由肩部向上交替轻推至风池穴（图 7-21）。

（5）揉按颈部。双手大拇指打圈按摩颈椎至风池穴（图 7-22）。

▲ 图 7-21　交替轻推颈部

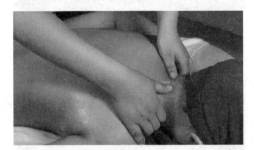
▲ 图 7-22　揉按颈部

（6）纵向交替按抚后背。双手交替推按背部，由颈椎至尾椎，上下纵向按抚（图 7-23）。

（7）平掌按压背部。双手平掌按压背部，由臀部至肩部（图 7-24）。

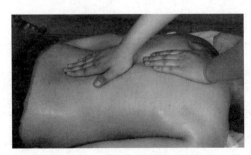
▲ 图 7-23　纵向交替按抚后背

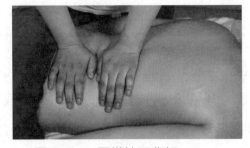
▲ 图 7-24　平掌按压背部

（8）叠掌按揉。双手叠掌，按揉脊柱两侧的肌肉至臀部（图 7-25）。

（9）抱拳按压。双手呈半握拳状，从腰部至臀部按压（图 7-26）。

（10）揉按脊柱两侧。双手大拇指沿脊柱两侧打圈，由下向上揉按（图 7-27）。

（11）叩击背部。双手轻轻握拳，依次叩击背部、腰部、臀部（图 7-28）。

背部减肥按
摩手法（二）

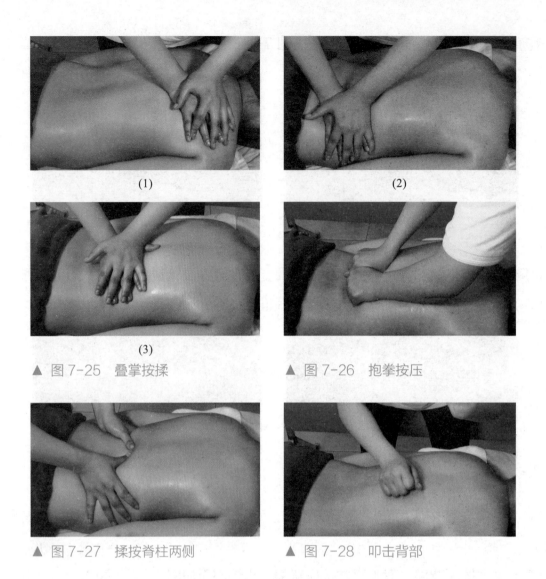

(1)

(2)

(3)

▲ 图 7-25　叠掌按揉　　　　　　　　▲ 图 7-26　抱拳按压

▲ 图 7-27　揉按脊柱两侧　　　　　　▲ 图 7-28　叩击背部

四、美胸护理

专业美容院开展的美胸项目一般分为化妆品美胸和物理美胸两种。前者是运用具有丰胸疗效的产品，如含有中药成分的产品或精油类产品涂抹乳房，使该部位脂肪细胞增加，从而使乳房变得挺拔丰满。后者是美容师通过运用按摩手法、使用仪器等方式对女性乳房进行保养，改善乳房萎缩、松弛、下垂等现象，增强其弹性，促进血液循环，预防乳房疾病，达到美乳健胸的功效。

（一）美胸护理的目的与方法

乳房发育异常的女性可通过美胸法来改善外在形象，专业美胸还可以改善乳房衰老、松弛、萎缩及下垂等现象，恢复胸部弹性，从而使乳房变得更挺拔、丰满。专业美胸法主要是通过美容仪器理疗、胸部按摩及施用美胸产品等方法，达到使顾客胸部健美的目的。

（二）美胸护理的功效

（1）加强胸部运动，强健胸肌及结缔纤维组织。

（2）促进血液和淋巴液的循环，使体内代谢加强，改善局部营养状态。

（3）增加皮肤弹性，消除衰老的表皮细胞，改善皮肤的呼吸状况。

（4）改善肌肉营养供给，提高肌肉的张力、收缩力、耐力和弹性。

（三）专业美胸护理

1. 专业护理前准备

美胸护理前应准备好美容器械车、清洁乳（液）、去死皮乳（液）、美胸膏（乳）、美胸精华素、喷雾机、美胸仪、胸膜等相关护理用品。

2. 护理程序

（1）测量：胸围及乳头至胸骨中线的距离，乳头至锁骨的垂直距离。

（2）清洁：以打圈的方式轻柔地清洗。

（3）蒸汽护理：使用喷雾机，注意不要直接对准乳头、乳晕。

（4）脱屑：避开乳头、乳晕。

（5）使用美胸仪：要注意将整个乳房都放入。

（6）用精华素：注意不要用于乳晕。

（7）按摩：时间 15 min。

3. 护理方法

（1）涂匀按摩膏。

（2）按摩点穴：点穴时间为 1 min，点两个穴位。膻中：两乳头连线中点。璇玑：正中线上，胸骨上窝下一寸处。

（3）按摩

① 推背：先以脊柱为中心，由内而外、由下而上向两边推背，手掌横向，以手掌用力，再由下而上，手指并拢竖向上推至肩。

② 打圈按摩：双手平行并拢，指尖向下，平行扣于双乳尖的锁骨下，向外打半圈到双乳外侧，然后向上、向内用力提托双乳，双手将双乳拉至颈部两侧的锁骨处。如此反

复30次。

③ 推胸侧：美体师立于客人身侧。双手拇指与食指的掌骨用力并拢，拇指第一关节与食指分开，尽力向手背弯曲。分别在乳房的下侧、外侧用双手拇指外侧和大鱼际用力向上、向内交替搓擦。做完一侧，换站位做另一侧。

④ 弹胸：双手交替，分别在乳房外、下侧，向上、内方向弹拍、提抚乳房。做完一侧换另一侧，每次重复30~40次。

⑤ 向上拍胸：双手交替，分别在乳房外、下侧，向上、内方向弹拍、提抚乳房。做完一侧换另一侧，每次重复30~40次。

⑥ 单拍胸：一手推胸，另一手从脐推向腰侧再推向腋下，以小臂抖动。按摩右侧乳房，右手扣于双乳之间的锁骨下，沿右侧乳房依次向下、右、上环状提托右乳房。

⑦ 双手推胸：双手推至胸缘，包住乳房，绕过乳房后，双手手心向上交叠于腋窝，同时用小臂震颤。

⑧ 涂抹胸膜：按摩完涂抹胸膜至一定时间后，清洁胸膜，涂滋养乳。

（四）专业美胸注意事项与禁忌

1．专业美胸注意事项

（1）一般每2~3天做一次，10次为一个疗程。

（2）护理前后均应为顾客做胸围测量。

（3）在整个治疗、护理的操作过程中，避免碰到顾客的乳晕、乳头。涂抹胸膜时，应用温湿棉片将乳晕部位盖住。

（4）保持环境的私密性。

（5）按摩力度应视顾客的耐受力而定，在两侧乳房大小相同的情况下，按摩的力度、时间应相同。

2．专业美胸禁忌

下列人士不宜做美胸护理。

（1）怀孕及哺乳期妇女。

（2）胸部皮肤有炎症、湿疹及溃疡等症的女性，患有乳房疾病的女性，经期妇女。

（3）患有严重高血压及心血管疾病的女性。

- 身体深层清洁的作用是什么？
- 请叙述身体清洁的方法，并进行实际操作。
- 身体按摩的操作流程有哪些？
- 按摩的注意事项有哪些？
- 练习身体肌肉按摩手法。
- 体膜分为哪几种？它们分别有什么作用？
- 叙述美容院的减肥护理程序及注意事项。
- 练习腹部按摩减肥手法。
- 请叙述美容院胸部护理程序和方法。
- 练习胸部按摩手法。

第三单元
常用美体仪器

学习目标

◎了解安全使用美体仪器的基本常识。

◎掌握常见美体仪器的使用和保养方法。

主题八　电学基础知识

一、电学专用术语

（一）电流、电压和电阻

1. 电流

电流指单位面积所通过电子的数量，以"安"为单位计算，用字母"A"表示。电流分为直流电和交流电。

2. 电压

电压指带电体或导体在电路中的电位差，以"伏"为单位计算，用字母"V"表示。

3. 电阻

电阻指物体对电流通过的阻碍作用，以"欧"为单位计算，用字母"Ω"表示。

电流、电压、电阻三者的关系为：电压 = 电流 × 电阻。

（二）电路、电功率和电压

1. 电路

简单地说，电路就是电流流过的路程。电路包括电源、负载和导线三个主要部分。

在一个电路里，有电流流过时，负载可以正常工作。这时的电路叫通路，或叫闭合电路。如果电路的任何一个地方断开，电流便不能通过，这时叫断路或开路。

正常情况下，是以开关来控制电路的通断。但如果美容美体仪器出现故障，如线圈断开等情况，也会出现非人为的电路断开现象，从而造成美容仪器不能正常运转。

在电路中，如果有一根导线与电源的两端相接触，电流几乎不通过负载，而从导线中直接通过，此时，电流会比正常情况下增大几倍到几十倍，这种现象叫短路。

由于短路时电流很大，会损坏电源、烧毁导线，可能造成火灾，因此，在实际工作中，要特别注意避免短路现象，确保安全。

2. 电功率

电气设备，如电动机、变压器，从电源吸收的能量，大部分用于做功，一小部分被消耗掉了。通常把电气设备从电源中吸取的功率叫"输入功率"，用于做功的功率叫作

"输出功率"，损耗掉的功率称为"损耗功率"。三者之间的关系用公式表示为：

$$输入功率 = 输出功率 + 损耗功率$$

电器设备的损耗功率越小，它的输出功率就越大，我们就说它效率高。因此，在选用美容美体电气设备时，一定要注意它的效率。

3．电压

我国使用的标准电压为 220 V、380 V。380 V 是动力电，一般民用的交流电是 220 V。有些国家和地区也使用 110 V 的交流电。在使用仪器时，要注意用电电压是多少，以免损坏仪器。

二、常用美体仪器的电学效应

大部分美容仪器作用于皮肤时，目的都是刺激皮肤的血液循环，在皮肤的温热效应下，便于营养的吸收，比如超声波美容仪、温灸仪。对于这种电流的热效应，我们在利用时应该注意三点：

1．对于不同规格的导线所通过的电流要限制

变压器、电动机等电气设备的线圈，都是用导线绕制而成的，它们也都是通过导线与电源连接的。当电流通过这些导线时，导线电阻所消耗的电功率都要转变为热量，使导线的温度升高。如果导线过细，或通过的电流量过大，所产生的温度超过允许的范围时，将使导线的绝缘物因过热而损坏，所以，对不同规格的导线中允许通过的电流要限制，不能超出一定的限度。

2．通电时间不可过长

在使用美容美体电器设备时，通电时间不可过长。否则，电流的热效应累积会使导体温度不断升高，当温度超过允许范围时，将使导线的绝缘物因过热而损坏。

3．不可擅自更换熔丝的型号

正常情况下，熔丝与电气设备是配套的。即允许通过熔丝的电流受到一定的限制，当通过熔丝的电流过大，热能产生的温度过高时，熔丝会自动断开，从而保证电气设备和导线的安全。若擅自将熔丝变细，当电流通过时，熔丝由于不能承受其电流量而发生断开现象，影响了电路的畅通；但若擅自将熔丝换粗，即允许通过电气设备导线的电流随意加大，会烧坏电气设备、导线的绝缘体等，从而出现危险。

主题九 常用美体仪器及用法

目前国内常用的美体仪器有振脂仪、丰胸仪、魔术手、智能美体时空舱、远红外线瘦身太空舱和冰电波拉皮机。

一、振脂仪

（一）振脂仪的功能

振脂仪是通过急速的振动，对人体过剩的脂肪快速振动推压，使沉积的脂肪迅速软化，并且排出。振脂仪可配合减肥膏使用，同时还可以做各穴位按摩，消除肌肉酸痛疲劳，恢复健康、苗条的身材（图9-1）。

（1）对脂肪层做快速的振动推压，使沉积的脂肪发热后迅速分解软化，有助于将多余的脂肪排出（配合减肥膏使用）。

（2）刺激血液循环、畅通血管，做各部位振动按摩，消除疲劳松弛。

（3）可清洁皮肤和脱落老化的角质层，其韵律振动按摩作用，更能增强皮肤的弹性。

▲ 图9-1 振脂仪

（二）振脂仪的基本操作

1. 减少赘肉突出部位

仪器调至最高速，用拇指和其他手指拿稳配件，仪器对准突出部位，轻轻用力再加大力度，持续2~6 s。在其他点上重复该步骤，不要用太大力，勿超过10 s，否则会造成皮肤瘀青。

2. 脊柱放松

设定中速或高速，将仪器放于颈椎或脊柱，上下慢慢移动，在脊柱根部斜握该配件，下压让放松效果延伸到腿部，也可以用于脊柱邻近部位做局部放松。

3. 减少后背疼痛

仪器设定中速，根据操作者喜好用不同的配件。

4. 全身放松

仪器设定为中速或高速，顾客俯卧，从脚后跟开始做，到腿部，再到腰部，从手再到肩部。然后将配件放于脊柱，在背部上下慢慢移动。

5. 肩部操作

仪器设定为中速，将配件从手臂到肩部，绕肩关节至腋窝，再回到肩部至后颈，可与上述去突出点步骤一同使用。

6. 颈部僵直

事先检查顾客是否有损伤或疾病，如无损伤或疾病方可使用。使用时，仪器设定高速，使用仪器从肩部滑至脊柱，放松肌肉。

（三）振脂仪使用注意事项

（1）仪器配件使用完成后，要擦拭干净并消毒。

（2）要推脂减肥的部位须选择适当附件配合，才能发挥效果。

（3）小心放置按摩配件，防止碰撞。

（4）切勿拉拔电源电线、而应拔下插头断电。

二、丰胸仪

（一）丰胸仪的功能

丰胸仪，集丰胸、美胸、保健、塑形功能于一体。通过真空吸附原理，模拟人体生物节律，促使乳房进行有节奏的有氧运动，从而促进激素的分泌，强健胸肌，增强支撑乳房的韧带群，使乳房坚挺丰满、结实而富有弹性（图9-2）。

（二）丰胸仪的基本操作

（1）根据顾客胸形，选择合适的罩杯。

（2）将丰胸仪各类配件放置于美容架上，清洁并消毒。

（3）将丰胸仪需要用的连接导管插入负压输出插座。

（4）接通丰胸仪电源座，并打开电源插座，调节工作时间。

（5）启动气泵，调节吸气与放气的强度。

（6）将气泵置于顾客胸前，左右依次分别独立操作罩杯。

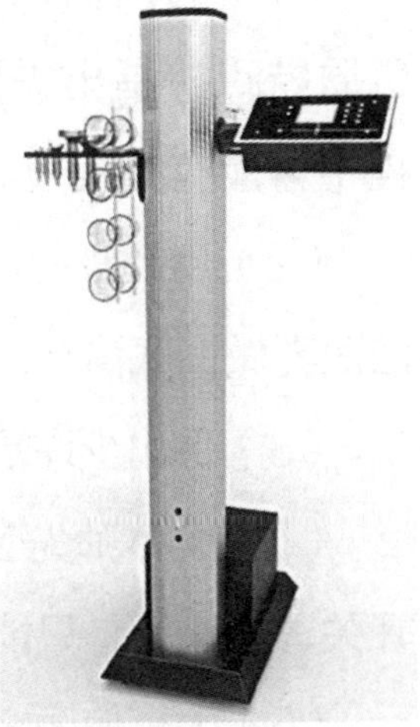

▲ 图9-2 丰胸仪

（7）工作完毕后，关闭电源总开关，清洁、消毒使用过的配件。

（三）丰胸仪使用注意事项

（1）使用前首先检查主机及附属部件，电源线是否完好无损。

（2）调节输出吸力时要视客人的承受力而定，应由弱渐强，否则皮肤松弛者容易产生瘀血现象。

（3）要根据顾客的乳房大小选择合适的罩杯。

（4）使用后，局部微红，并有涨、痛的感觉属正常现象。

（5）每次的丰胸、健胸时间不要超过30 min，如要继续使用，要间隔30 min。

三、魔术手

（一）魔术手的功能

此种仪器是通过微弱电流活化肌肤的细胞，能产生细微的按摩作用，可改善细胞的容积，引起细胞核运动，可改善衰老性皱纹，疏通淋巴液，促进血液的正常循环，对暗沉的黑斑有辅助的疗效，修改轮廓，改善双下巴，令肌肤回复年轻，增加光泽和弹性，提高皮肤保湿力（图9-3）。

▲ 图9-3　魔术手

（二）魔术手的基本操作

（1）将所需的仪器及常规护肤品准备好，让顾客坐在美容镜前，分析顾客面部肌肤特点，指出需要改善的部位，向顾客解释整个过程所需的时间，以及在操作过程中可能有的反应，让顾客做好心理准备。

（2）用卸妆乳清理眼部、唇部，然后用洁肤乳清洁面部，用清水洗净后，再用深层洁面乳做彻底清洁。

（3）倒出少许精华产品，视顾客的皮肤情况，大约每次10 mL，放在玻璃碟内备用。

（4）美体师先套上绝缘手套，之后套上导电手套。戴着手套时，绝对不要触摸电源开关、插座等，只能碰触操作面板的部分。

（5）为了使顾客脸部肌肤的细胞易接受电流，开始时，用双手轻轻按全脸1~2 min，然后开始依手法程序操作，手套指尖应沾上精华产品，由脸部的下方开始做起，若使用过程中，机器或顾客感觉肌肤异常时，应立即停止使用。

（6）如面形轮廓欠佳，可在做完上一步骤后，增加修改轮廓精华油或按摩膏，人手按摩 5 min，然后擦掉。

（7）可加面膜敷 15 min 后，清洗干净，拍上紧肤水。

（三）魔术手使用注意事项

魔术手使用特定频谱的特殊微电流，对人体无不良影响，但是在使用时，应遵守以下事项。

（1）魔术手套使用完后，请小心脱下手套及连接电线的部分，清洁时可用温和的软性清洁剂轻轻洗涤，然后用清水浸透，切记不能用含氯的漂白水，不可将其放入紫外线消毒箱内。魔术手不用擦，让它自然风干，如急用时可用冷风吹半干即可。如内部手套损坏，则可用抛弃型橡胶手套代替。

（2）使用前，脸部的化妆品或身体的污垢等必须清洗干净，如皮肤上有化妆品或污垢油脂残留，则无法达到最佳效果。

（3）美体师使用手套时，请务必先戴绝缘手套并摘下手表及金属饰品。

（4）操作进行中，若顾客肌肤干燥，则魔术手无法发挥最佳效果，请务必使用精华液，维持肌肤湿润状态。

（5）魔术手的操作时间控制在脸部 30 min 内、身体局部 20 min 内。

四、智能美体时空舱

（一）智能美体时空舱的功能

（1）利用蒸汽产生高热能，排除体内的毒素，改善血液循环，帮助淋巴排毒功能，加快心率，达到减重瘦身的目的（图9-4）。

（2）采用先进的高压水注波动技术，利用高压波动水疗有效地实现水分中精油及海洋矿物质泥等有效物质作用于人体，刺激体内细胞活性，加速血液流动和淋巴循环，有助于皮肤排出毒素，促进新陈代谢，进而减轻压力。还能有效抑制身体脓包、色斑的形成，改善灰暗的肤质。

▲ 图9-4　智能美体时空舱

（二）智能美体时空舱的基本操作

（1）打开上盖，让顾客躺在床板上，用泥等涂抹在顾客身上，开启彩灯，打开蒸汽功能蒸 30 min。

（2）开启喷淋功能，此时顾客可以在床上左右移动或翻转，让喷水冲走顾客身上的泥、汗液等。美体师可以最后用花洒把顾客全身冲洗一次。让顾客把脚抬起来，美体师把下板先从舱内拿出来，再让顾客把脚放下，此时顾客的脚放入舱内，轻轻站起，蹲到后舱体内；等美体师再把上板拿走，便可以让顾客躺睡在整个舱体内。在整个过程中，美体师可以提前放热水和花瓣在舱内。

（3）等顾客进入舱体内后，可再开启水中按摩功能。建议：每次使用完水中按摩功能后，开启 5 min 臭氧杀菌。

（三）智能美体时空舱使用注意事项

（1）仪器不可放置在被太阳直射的地方，尽量放置在通风处。仪器在长时间无人在场的情况下，需拔掉电源。仪器勿用酸性、碱性液体清洗本机外壳，可用棉布蘸少量水擦拭，同时仪器应远离高热物与易燃物，以免造成事故。

（2）使用蒸汽时，需让顾客注意蒸汽出汽口，使用喷淋时，一定要先检查水口与调水阀，需先将水阀关闭，喷淋时，需保证下水管与下水口通畅、能排水。喷淋时的水压与自来水管压有关。

（3）仪器操作中一定要盖上盖子才会有喷淋。

五、远红外线瘦身太空舱

（一）远红外线瘦身太空舱的功能

远红外线瘦身太空舱具有远红外线溶脂、排毒等多种功能，可进行光波疗法、芳香疗法、音乐疗法等。红外线能够软化脂肪，产生微热，促进血液循环，活化肌肉、骨骼，促进全身新陈代谢，同时达到打开毛孔与深层清洁的作用，并可强化美容产品的深层渗透吸收，达到美白、保湿、增强皮肤弹性与延缓衰老的功效（图9-5）。

▲ 图 9-5　远红外线瘦身太空舱

（二）远红外线瘦身太空舱的基本操作

（1）开启整机总电源，调节面板按钮进入工作状态，通过调节按钮调节顾客上下半身湿度。

（2）舱体相对湿度可设置成 30%~75%。

（3）设定频谱光波及面部清风。

（4）工作完毕后对舱内进行臭氧消毒。

（三）远红外线瘦身太空舱使用注意事项

（1）仪器应安装在可靠接地的供电线路上。

（2）仪器不能放置在太阳光直射的地方，尽量放置在通风处。

（3）在长时间无人在场的情况下，应拔掉仪器的电源线。

（4）勿用酸性、碱性液体清洁本机外壳，可用棉布浸清水擦拭，严禁用酒精擦拭机身。

六、冰电波拉皮机

（一）冰电波拉皮机的功能

（1）电波热能直达皮肤深层，有效地刺激肌肤胶原组织，促使胶原蛋白不断新生，重现年轻肌肤（图9-6）。

（2）立即性收紧肌肤，疗效显著。电波拉皮的作用就是逆转皮肤松弛和下垂，高频电波能量直达皮肤深层，让真皮层的胶原组织受热达45~60 ℃，胶原纤维会产生立即性收缩变紧，让松弛的肌肤马上感受到上提、紧致、嫩白、毛孔收细的效果。

冰电波拉皮不需要手术开刀也能改善肌肤老化松弛现象，治疗过程不麻醉、不出血、无创口、无痛感、无副作用、不需要恢复期。

（二）冰电波拉皮机的基本操作

（1）用毛巾为顾客包头，用洁肤乳清洁护理部位。

（2）在需要护理的部位上均匀地涂抹专用凝胶或霜膏，有助于电波热能传导，根据需护理部位（身体或脸部）选择适用的射频输出棒及适用的电极探头，将二者插入连接好，

▲ 图9-6　冰电波拉皮机

将脚踏开关器放于美体师脚下。

（3）正确选择电能输出通道，设定工作时间及工作频率。

（4）美体师带上绝缘手套，手握射频输出棒，调节射频能量输出，仪器开始工作后射频能量的输出应在皮肤可承受的范围内从低渐高作适当的调节。

（5）在护理过程中，电极探头紧贴皮肤流畅顺滑地移动，不可停留在某一部位而不动。美体师要及时跟顾客沟通，顾客应配合地把热感反馈给美体师。

（6）理疗完毕后，用冷锤护理5~10 min，用温水清洗干净皮肤，敷面膜，涂抹保湿和防晒产品。

（7）关闭总电源开关，拔掉电源线、用酒精棉片清洁消毒电极探头和冷锤，电极平板用干毛巾清洁。

（三）冰电波拉皮机使用注意事项

（1）在仪器启动后，勿让他人随意接触电机平板，无论是操作者或顾客都不要佩戴金属饰物。

（2）在护理操作时，电极探头的平面必须完全与皮肤接触，不可倾斜操作。因为电极探头接触不当可能会导致不适的刺激和灼伤皮肤。电极探头以螺旋式在皮肤上流畅地移动，切勿停留在某部位不移动。

（3）脸部、颈部护理时不要使用高热，可使用微热，眼周部位的皮肤比较薄，电能输出要相对减弱，身体护理时可选择较大的能量，但不要太高，避免令人感觉不适。

（4）注意不要损坏电极探头的绝缘层，以免造成高电流刺激。若发现电极探头的绝缘层有裂痕或损坏，请勿使用。

思考题

- 振脂仪的工作原理是什么？
- 丰胸仪的注意事项是什么？
- 魔术手的常规操作是哪些？
- 智能美体时空舱的功能是什么？
- 远红外线瘦身太空舱使用注意事项有哪些？
- 冰电波拉皮机的功能是什么？

第四单元
芳香疗法与现代 SPA

学习目标

◎了解芳香疗法的含义。

◎掌握部分常用精油的作用和使用方法。

◎了解现代SPA的分类和注意事项。

主题十　芳香疗法概述

一、芳香疗法的含义

芳香疗法意为芬芳、香味或香气治疗法，即使用芳香的气味来进行治疗的方法。具体来讲，芳香疗法是利用花草、药草等植物的精华，透过嗅觉、沐浴、按摩等方式，使人在心灵、身体各方面获得助益，同时增添生活情趣。一般常使用经浓缩提炼而得的植物精油，亦可使用烹调植物进行芳香疗法。

二、芳香疗法的由来

人类使用精油的历史，可追溯至公元前 5000 年的苏美尔人种植芳香植物并将其作为药材的习惯，公元前 3000 年，古代埃及以使用芳香疗法及种植芳香植物而闻名。芳香疗法其实是源于古时候人类储存食物的习惯。当时的人们发现，家中储存的某些植物叶子、果实或根部所散发出来的香气能够使人感到舒服，且某些植物流出的汁液对伤口愈合特别有效果，因此渐渐演化出今日借助精油所做的各种芳香疗法。

说到精油的提炼，早期的埃及人并不懂得以蒸馏的方式来萃取，他们仅仅将植物浸泡在有香气的油脂中，所以只能称之为芳香油，而且他们最常使用的植物有香柏木、洋葱、蒜头，与今日广受消费者喜爱的玫瑰、薰衣草等相当不同，古希腊人的医学知识大部分来自埃及，他们以橄榄油来吸收植物及花瓣的芬芳气味，并且运用在医学及美容上，在中古世纪的文献中，可发现关于薰衣草液的功用的记载。

芳香疗法的第一次使用是在 19 世纪。1887 年，法国人 Rene-Maurice Gattafosse 在一次实验时遭遇爆炸，他将灼伤的手放入薰衣草精油中，发现了精油的治疗作用。在第二次世界大战中，法国医生将精油用于坏疽的预防及烫伤的治疗。其中，随军外科医生 Jean Valnet 继承了 Rene-Maurice Gattafosse 的精油使用方法的研究，将精油用于对精神病患者的治疗，取得了显著的治疗效果。他于 1964 年著成《芳香疗法的实践》一书，该书整理、记录了芳香疗法的理论和实用技能，重点讲述了芳香疗法的抗生效果和杀菌作用，被称为"芳香疗法的圣经"。

现在，全世界越来越多的人对精油的治疗效果感兴趣，科研人员也在继续研究，期待对芳香疗法有更深入的了解。

主题十一　精油概述

一、精油的含义及特点

　　精油由一些很小的分子组成，它们非常容易溶于酒精或乳化剂，尤其是脂肪，这使得它们极易渗透皮肤，进入体内。当这些流动物质挥发时，它们同时被成千上万的细胞吸收，由呼吸道进入身体。所以，在芳香疗法中，精油可以改善人生理和心理功能。每一种植物精油都有一个化学结构来决定它的香味、色彩、流动性，及其系统运作的方式，这也使得每一种植物精油各有一套特殊的功能特质。

　　纯天然的植物精油气味芬芳，自然的芳香刺激经由嗅觉神经进入大脑后，可刺激大脑分泌出内啡肽及脑啡肽两种激素，使精神呈现最舒适的状态。不同的精油可互相组合，调配出使用者喜欢的香味，不但不会破坏精油的特质，还会使精油的功能更强大。精油本身可预防传染病，对抗细菌、病毒、真菌，可防发炎、防痉挛，促进细胞新陈代谢及细胞再生功能。某些精油还能调节内分泌，促进激素分泌，改善人的生理及心理状态。

二、精油的萃取方法

　　常见的萃取精油的方法有蒸馏法、脂吸法、压榨法和溶剂萃取法，尤以蒸馏法最常见。

（一）蒸馏法

　　将植物组织放入水中，加热至沸腾，或将植物组织放在网架上，加热植物下方的水，让蒸汽通过植物组织。叶片、枝干、浆果、花瓣和其他植物组织，都可以蒸馏。将植物组织放入水中的进行蒸馏的方法，称为直接蒸馏法。而让蒸汽通过放在网架上的植物组织进行蒸馏称为即蒸汽馏法。这两种蒸馏法都可以让植物的细胞壁破裂，以蒸汽的状态释出细胞中储藏的精质。这些精质的蒸汽会和水蒸气混合，一起进入一个冷却管中，回到液体状态，最后被收集到更大的瓶子中。水蒸气会凝结成水，而精质会凝结成精油。精油比水轻，因此可以很容易地被分离、收集。有些"水层"也有很高的价值，称为"纯露"或"药草水"。

（二）脂吸法

脂吸法是从非常纤细的花瓣（如玫瑰、茉莉）中，萃取高纯度精油的传统方法，这种方法非常复杂，成本也很高，因此，萃取出来的精油售价也很高。脂吸法的做法是先在玻璃上涂一层脂肪，再将刚摘下的花瓣铺散在这层脂肪上。将玻璃板用木制框架固定，玻璃板上的脂肪会渐渐吸收花瓣中的精质。几天后，再将压平的花瓣换成新鲜的花瓣（更换的时间随着花的种类不同而不同），直到这层脂肪无法再吸收精油为止。之后收集这些脂肪，除去残留的花瓣和花梗，倒入酒精，剧烈摇晃 24 h，让脂肪和精油分离。用这种方法收集的精油就是原精，它比一般的精油价值高，但这种方法既费时又不经济，已经逐渐被其他萃取方法代替。

（三）压榨法

压榨法适用于从柠檬、佛手柑、甜橙等果实中萃取精油。在压榨果实的时候，可以得到少许果汁和精油，只要将压榨的液体静置一段时间，精油就可以浮出液面。压榨法有多种，以手工压榨的精油品质较好。

（四）溶剂萃取法

溶剂萃取法，就是以石油或苯等有机溶剂，来萃取压碎后植物的有效成分，并将萃取后的混合物加以过滤，待溶剂挥发后，可产生一种包含精油成分的半固体蜡状物质。

三、精油进入人体的方式

芳香精油的有效成分可以借由两种方法进入体内，一种由鼻腔传入并将刺激传入大脑，另一种由皮肤传入。

（一）由鼻腔传入

散发在大气中的芳香分子借由人的鼻腔被吸收后，附着在嗅上皮的感觉细胞（嗅细胞）上。当嗅细胞兴奋时，芳香分子所具有的化学信息就会变成电冲动，传达至大脑边缘系统。

大脑边缘系统影响或产生情绪，调节中枢神经系统内的感觉信息，调节内脏活动。当"芳香"情报传达至此时，会影响激素的分泌，从而调整人的身体状况，改变人的心情。

（二）由皮肤传入

芳香精油通过入浴、按摩等方法，从皮肤表面被人体吸收的部分，可以渗透进入皮肤深层，借由毛孔和汗腺被吸收。通过促进血液和淋巴液的循环，可以有效提高芳香精油的有效成分的吸收率。

四、精油中的有效芳香成分

（一）醇类

醇类是最安全和最具护理功效的化学用品。含醇类的植物精油气味芳香，具有提神兴奋和良好的防腐性及抗病毒功能。天竺葵、薰衣草和玫瑰中皆含有醇类成分。

（二）醛类

醛类具有安抚、镇定功效，部分醛类具有防腐性及杀菌特性。香茅醛是醛类的一种，该成分在天竺葵、葡萄柚和香蜂草中都能找到。

（三）酯类

酯类具有安抚、镇静、平衡及防腐特性，带有浓郁的水果芳香。洋甘菊、鼠尾草、佛手柑、天竺葵、薰衣草、柠檬草、马乔莲、苦橙和迷迭草（迷迭香）皆含有酯类成分。

（四）酮类

除茉莉和茴香中所含的酮类不具毒性外，其他精油中的酮类成分多具有一定的毒性。酮类被认为能够减轻充血、降低黏液分泌和愈合疤痕组织。牛膝草、迷迭草和山艾中含有侧柏酮。山艾中含有高比例的酮类成分，由于其毒性较高，所以通常用鼠尾草来代替。

（五）氧化物类

氧化物类能够有效治疗呼吸系统疾病。含氧化物的植物精油大多具有祛痰功效。甘菊、薰衣草、马乔莲、欧薄荷和茶树中皆含有氧化物成分。

（六）酚类

酚类具有杀菌、振奋功效，对皮肤有刺激性。在紫苏、茴香、马乔莲、山艾、百里香和香水树中可以找到酚类的各种次要成分。

（七）烯类

烯类具有抗病毒、防腐、消炎和杀菌特性。佛手柑、洋甘菊、柏树、桉树、茴香、乳香、杜松、柠檬、苦橙、甜橙和迷迭香中含有各种烯类成分。

五、精油的毒性及安全性

有些精油内的特定成分对身体或皮肤有副作用，但这些副作用仅限于皮肤敏感、发炎、色素沉淀或轻微灼伤，严重中毒案例，多是由于将精油内服造成的。此外，最好能在训练有素的芳香疗法师的指导下使用精油，从而降低危险性。

精油里的某些成分毒性较强，尤其对老年人、幼童、孕妇有很大危害。整体而言，精油内服较易产生毒性，故禁止口服精油。某些精油甚至在外用或吸入时，也可能会有危险性。然而，在许多时候，由于精油成分的互相制衡作用，或由于疗方中多种精油形成的制衡状态，或因为某种基础油有安抚作用，故可以保证精油的安全使用。只有具备潜在危险的精油用量过多时，才会造成危险，因此必须严格按照精油的建议用量使用。需谨记，一小滴的精油代表 25~35 kg 的相应植物的有效成分。

国际芳香协会曾公布一系列的精油种类名单，要求化妆品与家用产品等香料相关工业限制其用量。国际芳香协会也提供了这些精油的安全用量建议，其中，芳香疗法可能用到的精油包括欧白芷根、秘鲁香脂、佛手柑、中国肉桂、锡兰肉桂、小茴香、黄樟、柠檬、马鞭草。该协会的建议虽不具有国际法律效力，但全行业大多数的从业者都遵守其规定。

除了国际芳香协会限制使用量的精油外，洋茴香、穗花薰衣草、罗勒、丁香、牛膝草和鼠尾草的精油使用也需要注意，需要慎重使用的成分是茴香脑、龙艾草、侧柏酮。此外对含丁香酚、能腐蚀金属的精油也要特别小心。

六、精油的使用方式

（一）按摩

皮肤有排泄功能，同样也有良好的吸收能力，所以精油可穿透皮肤，用精油调理不适的有效方式是按摩。按摩会刺激神经末梢，促进皮肤血液循环，从而让精油更容易吸收。依个人情况或偏好，可选择专业按摩或简单按一按。

如果正确使用，精油 7~10 min 即被皮肤吸收，而当皮肤排泄的时候，则无法良好吸收——如紧张焦虑、太热和运动后等皮肤流汗的时候。精油穿透皮肤到达其他器官的能力也因人而异。除了水肿、血液循环不良之外，大量的皮下脂肪也会阻碍渗透。

可用精油按摩脸、背、胸、手背、脚底，或患有风湿的相关部位促进皮肤吸收。

（二）沐浴

近年来，使用放射性同位素的科学研究证明，精油会在洗澡水中散开，而由皮肤吸收。因此有研究者建议每天洗香浴澡，将 3 滴精油混入适量、温和的沐浴乳中，放洗澡水的同时将其倒入，有助于精油在水中散开，而不会聚集在水面。浴室务必保持温暖，门窗紧闭，不使蒸汽逸出。全身至少在水中浸泡 10 min，放松并做深呼吸。有一部分的香味分子会渗透皮肤，而另一部分会被人吸入刺激嗅觉神经末梢。

（三）蒸脸

每周进行 1~2 次的蒸脸可深层洁肤。准备一个碗、选用的精油与一条毛巾，煮开一壶水，等它冷却到手温，倒入碗中，滴入几滴精油，将毛巾盖在头上，趴在碗的上方，头和碗的距离不要少于 30 cm。

蒸汽中的精油会在皮肤上发挥功效，而由于精油蒸汽也会刺激鼻腔神经末梢，因此精油有双重效果，可在体内与体表同时发挥作用。

（四）吸入法

居家吸入法是把近乎沸腾的水倒入玻璃或瓷质脸盆中，选择 1~3 种精油滴入，总数不超过 6 滴，将精油充分搅匀后，以大浴巾分别将整个头部及脸盆覆盖，用口、鼻交替呼吸，维持 5~10 min。比如，2 滴薰衣草加 2 滴薄荷可防治感冒。也可采用将 1~3 滴精油滴于面巾或手帕中嗅吸的简单方法。

（五）香熏漱口法

将 2~3 滴精油滴入一杯水中搅匀，含漱 10 s，然后吐出，重复至整杯水用完，每天如是漱口，可保持口气清新，保护牙齿，减少喉炎的发病率。常用的精油有茶树精油、薰衣草精油、薄荷精油。牙痛时，滴一滴肉桂精油，不需稀释，直接用棉签点在牙痛部位，即可缓解疼痛。

(六) 精油刮痧法

精油刮痧，即运用芳香精油与基础油（也可用复方治疗精华油）涂抹于患部或穴位旁，再用刮痧器刮拭。建议咨询专业香薰治疗师后使用。

(七) 按敷法

按敷法是把3~6滴芳香精油加入冷水或热水中，均匀搅动后，浸入一块毛巾，再把毛巾拧干，敷在面部，并用双手轻轻按压盖在面部的毛巾，使带有精油的水分能尽量渗入皮肤内，重复以上步骤5~10次。身体部位按敷时，水和精油的比例约为200 mL冷水或热水兑5滴精油，面部只用1滴精油即可。冷水敷可镇定、安抚、缓解痛症，热水敷有助于促进血液循环、排解毒素或增加皮肤的渗透，常用精油有薰衣草、紫罗兰、迷迭香、天竺葵、茉莉、玫瑰、柠檬等。

(八) 喷洒法

把精油加在蒸馏水中，放于喷雾瓶中，随时喷洒在床上、衣服上、家具上、宠物的身上、书橱上、地毯上，可起到消毒除臭、改善环境的作用。常用的精油种类有迷迭香、柠檬、甜橙、薄荷、天竺葵、尤加利等，比例是10滴精油兑10 mL水。

(九) 香薰沐浴法

香薰沐浴法有香薰蒸汽浴、香薰坐浴和香薰浸浴等形式。

香薰蒸汽浴可选用薰衣草、洋甘菊、薄荷、甜橙、尤加利、柠檬等精油混入水中，比例为每600 mL水加2滴精油，把混合后的水浇在蒸汽房的热源上（如烧热的石头），带着香薰的蒸汽便徐徐散出。这些香薰蒸汽是身体及皮肤的绝佳保养剂和消毒剂，对细菌和病毒具有一定的抑制作用。

香薰坐浴是用一只能够容纳臀部的瓷盆或不锈钢盆，盛半盆温水，滴入1~2滴精油（可选择薰衣草、尤加利、迷迭香、薄荷等），把精油搅拌开，进行坐浴，这种方法对治疗痛经、阴道炎或生理期因卫生巾不透气而造成的皮肤瘙痒效果甚佳。

香薰浸浴是放一整缸温水，温度以皮肤可接受为佳，加入8~10滴精油，在浴缸中撒入一些玫瑰花瓣等效果更佳，轻轻搅动精油和花瓣使其散开，接着便可浸泡全身，在浴缸中享受香薰浸浴给你带来的好处——鼻子呼吸空气中弥漫着的芳香精华，皮肤毛孔张开，让芳香精华渗入皮肤深处。香薰浸浴后，会留下一层薄薄的精油在皮肤上，使皮肤润滑。

在感冒流行时，可用一小匙按摩底油加入薰衣草、尤加利、洋甘菊植物精油各 2 滴，调和，在胸部、颈部、喉部等部位涂抹后，将全身浸浴在热水中 10~15 min，并深深吸入香薰的蒸汽，待身体充分泡热后，迅速擦干身体并及时就寝。

香薰沐浴法还可用于足浴或手浴，准备一盆温热水，滴入 5~6 滴精油，再将整个脚掌或双手浸泡在盆内大约 10 min，可治疗肌肉酸痛，促进血液循环，手部护理时加入玫瑰精油更可使皮肤滋润，秋冬季节使用效果更佳。

（十）洗发护发法

洗发时，将 2 滴精油加入洗发液，均匀涂抹于头发上，轻轻按摩 3~5 min，再以清水洗净。护发时，将基础油与芳香精油以 10：1 的比例调和，轻轻按摩头皮以促进吸收，以毛巾包住约 15 min，再以洗发液洗发即可。去除头皮屑，可用 2 滴佛手柑精油与 1 滴茶树精油，将两种精油和洗发液混在一起洗头。此方法具有杀菌、平衡、舒缓的作用。

主题十二　常用精油简介

　　精油可分为单方精油、复方精油和基础油，单方精油和复方精油都有芳香气味，故也被称为芳香精油；而基础油用于做调和介质，无味。以下简单介绍几种常用单方精油和基础油。

一、部分常用单方精油及其作用

（一）甜罗勒（图12-1）

　　功效：防腐、通气、除腹胀、祛痰、调经、解热、催乳、安抚、催汗，特别是对神经系统有滋补的作用。

▲ 图 12-1　甜罗勒

　　生理用途：用于治疗支气管炎、痉挛（通常是由寒冷或过劳而引起，致使行动困难）、咳嗽、消化不良、发热、胃胀气、呼吸器官疾病、风湿症、月经不调、哺乳妇女乳汁分泌不足，还可缓解晕车、晕船、粉刺、头痛与偏头痛等症。

　　情绪用途：有助于改善精神不集中，长期精神涣散、无精打采等情况，帮助儿童学习时集中注意力、增强记忆力，减轻学习的压力和焦虑。

　　注意事项：须防止过敏，因其可导致过敏现象。

（二）佛手柑（图12-2）

　　功效：止痛、抗抑郁、杀菌消炎、抗痉挛、祛风、消除胀气、开胃、帮助消化、利尿、除臭、祛痰、退热、镇静、兴奋。

▲ 图 12-2　佛手柑

　　生理用途：有助于治疗痤疮、红肿、水泡、膀胱炎、尿道炎、溃疡、感冒、湿疹、胀气、静脉炎、伤口溃烂、消化不良、腹胀气、食欲缺乏。

　　情绪用途：镇定、提神和抗抑郁，改善因焦虑、抑郁、神经衰弱、压力大引起的生理症状。佛手柑精油有让人感到清新快乐的能力,非常适合早上起床后在客厅、餐厅、车上或办公室里熏蒸,能增加室内快乐的氛围。

(三) 罗马洋甘菊 (图12-3)

▲ 图12-3　罗马洋甘菊

功效:消炎、防腐、抗痉挛、杀菌、通气、除腹胀、助消化、调经、解热、养肝、安抚、健胃、催汗滋补、治疗外伤。

生理用途:类似于德国甘菊,将花朵当作草药内服时,适用于发热、消化不良、恶心、痛经、失眠症状。以精油形式外用时,则对溃疡、湿疹、防止蚊虫叮咬具有良好功效。

情绪用途:有助于改善恐惧、神经衰弱、忧伤、抑郁、过度敏感、神经质等情况。

罗马洋甘菊精油为亮蓝色,接触空气后会转变为黄色。另有一种颜色较深的甘菊品种,常用于制作食物的染色剂。罗马洋甘菊也常用于制造肥皂、洗发液,可以使头发更加柔顺健康。

(四) 香紫苏 (图12-4)

▲ 图12-4　香紫苏

功效:收敛、止汗、抗痉挛、杀菌、通气、除腹胀、助消化、调经、降血压、镇定神经、催汗、安定、健胃、滋养。

生理用途:有助于改善粉刺、气喘、腹部绞痛、痉挛、头皮屑、腹泻、胃胀气、虚寒、高血压、产科疼痛、偏头痛、月经不调、肌肉酸痛等情况。

情绪用途:香紫苏又称快乐鼠尾草,它有助于减轻身心疲惫、多动症、幽闭恐惧症、罪恶感、神经衰弱等情况,让人振奋、欢愉,引发人的幸福感。

(五) 薰衣草 (图12-5)

功效:止痛、抗抽搐、抗沮丧、消炎、抗风湿、抗菌、抗痉挛、祛肠胃胀气、祛疤、祛痂、兴奋、增进细胞活力、消除充血肿胀、除臭、利尿、通经、杀真菌、降低血压、镇静、治疗创伤。

生理用途：改善失眠效果非常有效。

情绪用途：帮助情绪不稳定的人缓解因焦虑、压力大引起的失眠。

注意事项：孕妇、低血压者谨慎使用。

▲ 图12-5　薰衣草

（六）橘（图12-6）

功效：防腐、抗痉挛、通气、除腹胀、促进消化、利尿、安抚、提神、滋补。

生理用途：有利于改善消化不良、妊娠纹、扩张纹、痛经、皮肤不适（粉刺、毛孔阻塞），有助于祛疤、祛痕。

情绪用途：有助于减轻经前期紧张综合征、失眠、情绪低落、精神紧张、焦虑不安等情况，可平抚沮丧与焦虑情绪。

▲ 图12-6　橘

橘精油性质温和而且安全，是唯一可让孕妇、儿童及老人使用的精油。它还可以用于软性饮料及淡酒的调味，用于香皂、化妆品、香水制造。

（七）甜橙

功效：抗抑郁、防腐、杀菌、通气、除腹胀、养胃、助消化、抗真菌、降血压、安抚、兴奋循环系统、滋补。

生理用途：有助于改善肤色晦暗、心悸、伤风感冒、胃痉挛、消化不良、失眠等情况。

情绪用途：改善由于压力大引起的不良症状、因太在乎别人的看法引起的情绪问题、成瘾症、情绪化的暴力倾向与虐待倾向，舒缓紧张和压力、提振精神，给人阳光的心情。

（八）广藿香（图12-7）

功效：消炎、防腐、抗抑郁、杀菌、驱虫、通气、除腹胀、除臭、利尿、解热、减缓刺激、滋补。

生理用途：有助于改善粉刺、足癣、头皮屑、皮肤炎、湿疹、脓疱病（一种接触性传染的皮肤病）、毛孔粗大、外伤、皱纹等，还可用于护发，适合油性发质。

情绪用途：有助于改善忧郁、焦虑、神经衰弱、情绪起伏、冷感症、神经紧张。可散发心结，改善嗜睡，给人实在而平和的感觉，适合缺乏安全感的人嗅吸。

广藿香散发强烈的香气，为暗黄橙色、黏性的液体。对皮肤护理非常有效，因为能促进皮肤新陈代谢，所以对粗糙干裂的肌肤是最佳的调理油。

▲ 图 12-7　广藿香

广藿香也是少数越陈越香的精油之一，适合作为镇静剂，治疗由压力大引起的抑郁及消化不良。

（九）欧薄荷（薄荷）

功效：止痛、防腐、抗痉挛、催乳、杀菌、消炎、收敛、通气、除腹胀、血管收缩、升高血压、调经、解热、健胃、提神、滋补、驱虫。

生理用途：可用于改善粉刺、气喘、支气管炎、鼻塞、感冒、痉挛、皮炎、消化不良、胃胀气、头痛、伤风、口臭、肾虚、肌肉疼痛、身体疲惫、偏头痛、反胃、恶心、心悸、痛经、鼻窦炎、牙痛、眩晕等情况。

情绪用途：可用于平复惊吓，改善由于工作量超过负荷引起的精神疲倦、无精打采。

欧薄荷的成分具有局部麻醉的效果，而其薄荷脑成分使欧薄荷成为良好的外伤及头痛止痛外敷剂。此外，欧薄荷作为药品亦有许多用途，包括改善消化系统功能，治疗痉挛性咳嗽、偏头痛、头昏眼花、紧张引起的症状及皮肤干裂等症。

（十）迷迭香（图12-8）

功效：止痛、抗风湿、防腐、抗痉挛、治疗神经痛、收敛、通气、除腹胀、利胆、消除瘢痕、发汗、助消化、利尿、调经、防止真菌感染、养肝、升高血压、驱除寄生

▲ 图 12-8　迷迭香

虫、改善肤质、刺激、健胃、催汗、提神。

生理用途: 有助于改善粉刺、气喘、支气管炎、感冒、头皮屑、消化不良、湿疹、胃胀气、痛风、胆固醇过高、头痛、油性发质,防传染病、流行性感冒、蚊虫叮伤、黄疸、白带增多、肌肉酸痛、神经痛、心悸、低血压、皮脂分泌过多、疥癣、静脉曲张等情况。

情绪用途: 适用于疲倦、压力、记忆力衰退、无精打采、过度紧张及压力引起的病症。

迷迭香具有兴奋功能,有助于头部血液的供应,因此,对于容易头晕、贫血、晕厥的人,以熏蒸法使其吸入迷迭香精油,是非常好的治疗和缓解方法。自古以来,迷迭香精油以其具有头发保养功能而闻名于世,对于脱发、头屑、头发稀疏等问题都是很好的选择。

(十一) 百里香

功效: 驱除肠内寄生虫、抗细菌感染、防腐、抗风湿、抗痉挛、消毒、收敛、祛痰、通气、除腹胀、治疗瘢痕、利尿、调经、杀菌、降低血压、缓解皮肤发红、催汗、滋补。

生理用途: 有助于改善粉刺、关节炎、支气管炎、瘀伤、烧伤、鼻塞、蜂窝组织炎、伤风感冒、刀伤、膀胱炎、衰弱、消化不良、痛风、头痛、胃胀气、传染病症、蚊虫叮伤、喉头炎、肌肉酸痛、肥胖、循环不良、风湿症、鼻窦炎、喉咙痛等情况。

情绪用途: 有助于改善过度敏感、神经虚弱、心力疲惫、记忆力下降等情况。

百里香可以当作药草,制成浸泡液、萃取液、沐浴用品及漱口水。百里香之萃取液(非精油)可当作内服药,用于治疗厌食症、消化不良及慢性胃炎等疾病。用百里香制成的药亦能治疗支气管炎及百日咳。百里香抗痉挛的功效使其成为治疗气喘的优良精油,而其防腐性对呼吸道感染别具疗效,对所有肺部传染病的治疗也相当合适。此外,百里香精油较其他精油具有更强的防腐性。

二、基础油

擦在皮肤上的精油必须和基础油调和后再使用,常见的基础油如下。

(一) 杏仁油

杏仁油对缓解干燥、粗糙的双手有奇效,也非常适用于治疗湿疹与任何皮肤不适。

用杏仁油护手的具体方法是：将杏仁油放在双层蒸馏皿中，小火加热，再溶入等量的椰子油，之后离火，搅拌混合呈膏状为止，冷却后涂在手上，戴上棉质手套等待 1 h 或隔夜，让油渗透到皮肤中。

特性：杏仁油为淡黄色液体，拥有柔和、独特的味道，质地润滑，是良好的皮肤按摩用油，被化妆品界广泛使用，特别是在婴儿用品上。

功能：杏仁油是冷压油，富含不饱和脂肪酸和维生素 D，具有良好的亲肤性，就连娇嫩的婴儿也能使用。甜杏仁油有很好的滋润效果，对干性、皱纹、粉刺、敏感肌肤都有帮助。在芳香疗法中，甜杏仁油可以作为治疗瘙痒、红肿、干燥和发炎的理疗配方基础油使用。

注意事项：购买时要注意是甜杏仁油而不是苦杏仁油，因为苦杏仁油具有毒性，会对皮肤造成刺激。另外，对花生过敏者也有可能对杏仁油产生皮肤敏感反应。

（二）葡萄籽油

葡萄籽油各种肤质都适用，可当作 100% 基础油。

特性：葡萄籽含有 6%~20% 的油分。这种油色泽淡绿，富含多元不饱和脂肪酸，而且极清爽，几乎是清澈如水。这意味着皮肤极易将其吸收，并使精油迅速渗透，故非常适用于芳香疗法。

功能：葡萄籽具有一定的收敛作用，因此这种油常用于调理粉刺。

（三）玫瑰果油

成分：玫瑰果油中含有 γ - 亚麻酸（GLA）、维生素 A、维生素 C、脂肪酸、柠檬酸等。

特性：玫瑰果油萃取自蔷薇果实，富含 γ - 亚麻酸。γ - 亚麻酸对女性的生殖系统独具护理疗效。此外，它的脂肪分子排列方式和人皮脂的极为相似，非常容易被皮肤吸收。因此，它对老化、皱纹、敏感的皮肤以及妊娠纹，都有很好的保养功能。

功能：对多发性硬化症、关节炎、高血压、胆固醇过高有缓解、改善的功能，同时，具有促进皮肤组织再生功能，可改善疤痕、晦暗、青春痘、干燥、日晒后色素沉淀、晒伤、牛皮癣、湿疹等情况。

注意事项：玫瑰果油价格昂贵，一般用于调油只需添加 10% 即可。如果是非常干燥、老化的皮肤，则可使用纯玫瑰果油。

（四）茶花籽油

茶花籽油各种肤质都可以用，有轻微的收敛作用，能帮助止痒，辅助治疗肌肤红肿、干燥、发炎，可单独作为基础油。

（五）荷荷巴油

荷荷巴油适合各种肤质，尤其是干燥、湿疹、发炎、有疱的皮肤，亦可用于护发，渗透力强。

特性：荷荷巴油自荷荷巴树的深棕色果实冷压萃取而得，植物油呈浅黄色，严格来说，它属于蜡质地而非液体质地，遇冷会凝结成含蜡质固体。由于富含多种维生素和营养油脂成分，故在化妆品界被广泛用于制作抗老化的皮肤护理产品。荷荷巴油不具香味，不但是非常好的基础油，而且即使不与其他精油搭配，也可以成为功效良好的芳香疗法用油。

荷荷巴油的化学分子排列和人皮脂的非常类似，极容易被皮肤吸收，此外，它的镇定性、稳定性和延展性都很好，不容易变质，渗透性强，分子细腻，适合各种肤质使用，尤其是油性、敏感、成熟老化、干性缺水的皮肤。此外，它也是很好的身体保养和头皮按摩油。

（六）橄榄油

特性：橄榄油是营养丰富且具有强烈味道的冷压油。因其油质黏稠厚重，使用时，最好能与其他基础油混合，否则不容易延展推匀。纯的橄榄油并不常用于芳香疗法，因为它的气味太浓郁，容易掩盖纯精油的香味。但是，由于橄榄油具有良好的生理缓和作用，所以常常用在医疗用品中。

功能：橄榄油是相当好的皮肤润滑油，能迅速渗入肌肤，多用于男士的脸部芳香疗法护理。此外，由于橄榄油中含有单不饱和脂肪酸成分，故对晒伤、风湿、关节炎、扭伤的护理效果极佳。

注意事项：最好不要单独使用，用在护发上效果更好。

（七）小麦胚芽油

特性：小麦胚芽油来自热压的小麦胚芽。小麦胚芽油不但含有丰富的维生素 E，还具有超强的抗氧化功能，适用于老化的肌肤，同时也是良好的基础油。虽然小麦胚芽油可单独使用，但因味道太浓、质地厚重，所以必须加入少量其他质地较为清爽的基础油调和后，方可使用。

功能：用于芳香疗法皮肤护理时，小麦胚芽油能清除自由基，促进人体新陈代谢、预防老化、活化修复、减缓生理衰老现象、淡化妊娠纹。它的另一个功能是发挥其高含量维生素E的抗氧化剂功能，能对抗光线和空气的侵害，延长复方精油的保存期限，只要加入一茶匙，或占精油总量的10%，即可发挥功效。此外，在调油中加入小麦胚芽油，也能活化其他基础油的营养价值。

注意事项：小麦胚芽油最好不要单独作为基础油使用。

（八）花生油、葵花籽油与大豆油

花生油、葵花籽油与大豆油对各种肤质都适用，有轻微的收敛作用，可当作100%基础油。

主题十三　现代SPA概述

一、现代SPA的含义

从狭义上讲，SPA指的就是水疗美容与养生，SPA包括形式各异的冷水浴、热水浴、冷热水交替浴、海水浴、温泉浴、自来水浴，每一种沐浴方式都能在一定程度上松弛紧张的肌肉和神经，排除体内毒素，预防和治疗疾病。近年来发现，水疗配合各种芳香精油按摩，会加速脂肪代谢，具有瘦身的效果。从广义上讲，SPA不但包括人们熟知的各种水疗方式，还有芳香按摩、沐浴、去死皮等。现代SPA主要通过人体的五大感官功能，即听觉（疗效音乐）、味觉（花草茶、健康饮食）、触觉（按摩、接触）、嗅觉（天然芳香精油）、视觉（自然或仿自然景观、人文环境）等达到全方位的放松，实现身、心的放松。如今，SPA已演变成补给美丽的代名词。

不同的SPA有不同的功能：有的偏重放松、舒缓、排毒的疗程，有的以健美瘦身为重点，还有的重芳香精油、海洋活水或纯草本疗法等。无论是哪种类型的SPA，都不会忽视满足客人五种感官愉悦的基本需求。

二、现代SPA的分类

（一）主题或目的型SPA

主题或目的型SPA通常需要3至7日，包含住宿、饮食、行程及SPA疗程规划。是SPA中费用较高，也是能得到最完整SPA体验的一种。

（二）都会型SPA

都会型SPA是目前全球各大都会区最受欢迎的SPA种类。不用住宿，可承诺顾客在数小时内享受到完整的SPA保养及放松体验。因为是在一天内可完成的SPA，故其英文名为Day SPA。

（三）饭店型SPA

在度假村或饭店内的SPA，规模及设施类似都会型SPA，但可结合饭店内的设备，使顾客的感受更丰富。

（四）医学型SPA

和一般 SPA 不同的是：医学型 SPA 所追求的是使用医疗方式达到健康、养生的目的，而非其他崇尚回归自然、使用另类疗法（非医疗）的 SPA。医学型 SPA 的任何疗程，必须由有医师执照及护理师资格的人员进行操作。

（五）温泉型SPA

一般来讲，温泉型 SPA 也需设有疗程保养服务，才可加上"SPA"这个词。唯独在日本，SPA 只单纯代表温泉，从而形成当地独特的 SPA 文化。

（六）家庭型SPA

家庭型 SPA 是由每天都在进行的洗澡延伸而来，家庭型 SPA 只是多了许多创意及辅助设备，如气泡浴、蒸汽、花香、精油，只要做好准备，在家里也同样能获得 SPA 享受。

（七）俱乐部型SPA

和健身俱乐部结合的 SPA，有别于一般传统俱乐部内的美容服务，俱乐部型 SPA 也必须提供完整的服务设备、专业的技术及服务品质，才可称为俱乐部型 SPA。

（八）游轮型SPA

在游轮上设立的 SPA，通常因为场地有限，规模较小，服务项目也比较少。但是很多游轮型 SPA 都可在疗程室中看见广阔的海景，这是其特色。

（九）其他SPA

不属于以上任何一种，但设有减压、养生疗程项目的 SPA，如养生 SPA、海疗 SPA、沼泽泥疗 SPA。

三、五感疗法在芳香疗法中的运用

SPA 讲究五感疗法，无论在触觉、嗅觉、味觉、视觉还是听觉上，都分别有针对性疗法，如浴疗法、水中按摩、音乐疗法、光疗法、水底声音浴疗法等不同项目，可分别满足不同人士的需求。

聆听轻松的音乐，品尝芳香怡人的天然花草茶，呼吸芬芳的香气，感受色彩所产生的愉悦，体验令人舒适又有镇静作用的芳香精油按摩，这些都是通过刺激五官来达到护理的目的。

（一）触觉疗法

在 SPA 中，触觉疗法指的是双手和身体的接触，借由按摩手法来达到放松减压、促进血液及淋巴循环的功效。目前，在各种专业按摩手法的操作过程中，如能合理运用植物精油加以调和，可达到最佳的触觉效果。

（二）嗅觉疗法

嗅觉在芳香疗法及 SPA 护理中扮演了极其重要的角色，利用纯天然植物精油的芳香之气和治疗能力，经由嗅觉器官到达神经系统，可帮助人体情绪和心理的调节，并可以达到镇静安抚、恢复健康的功效。

（三）味觉疗法

多喝水有助于人体新陈代谢，可在做 SPA 时喝的水中加上天然的花草，让植物中的生机和养分融入水中。花草茶取材天然，无刺激性，并具有不同的有利于身心的功效。

（1）镇静安抚：甘菊、薰衣草。

（2）提神醒脑：玫瑰、薄荷、柠檬、佛手柑。

（3）美容养生：茉莉花、紫苏。

（4）减肥：柠檬、茴香种子。

（四）视觉疗法

SPA 最讲究的是气氛，因为环境的营造是身体放松的第一步，通过色彩的搭配进行情境的营造和空间的配置，可达到影响人体视觉神经及心情的作用。SPA 护理场所要求的是感觉柔和的光线、淡雅而温暖的色彩、形式简单的线条，这样的空间能安定精神和情绪，使人完全放松心情，沉浸在无压力的环境里，怡然自得地享受整个护理过程。

（五）听觉疗法

自古以来，音乐就被用在各种仪式上和治疗疾病上。古代人认为，通过音乐，人类能和宇宙、自然界取得和谐。而我们的身体中潜藏着天然的治愈力，这天然的治愈力在我们感觉到舒畅、安心、放松时，效力会更为显著。它的进行方式是将选择的音乐配合轻柔、和缓、体贴的按摩动作，来缓解紧张的肌肉组织。

进行音乐按摩时，音乐必须选择顾客与美体师都喜欢的，音乐按摩的音乐素材选择非常自由，但在进行护理时，按摩的手法必须非常轻柔，因此应以轻松悠扬、不会造成精神负担的轻音乐为主。

四、SPA的注意事项

（一）SPA的禁忌

患有以下病症者不建议接受SPA，以免产生意外。

（1）意识不清、阿尔茨海默病、智力退化及平衡感障碍。

（2）心律不齐。

（3）未接受治疗的癫痫。

（4）血糖控制不良的糖尿病或低血糖症。

（5）严重的下肢静脉曲张。

（6）对光、热敏感（例如红斑狼疮）。

（7）恶性肿瘤。

（8）控制不良的高血压。

（9）直立性低血压。

（二）SPA的副作用

（1）皮肤对外热敏感，产生红疹、瘙痒。

（2）不注意环境卫生而使顾客感染细菌。

（3）热疗效应。5%的顾客在第一个星期内会产生身体不适、全身无力、疲倦等症状，但渐渐会恢复正常。

（4）水柱猛烈冲击，有可能产生伤害。

思考题

- 芳香疗法的含义和作用是什么?
- 什么是精油?
- 有利于干性皮肤的精油有哪些? 如何进行搭配?
- 现代 SPA 有哪些类型?
- 进行现代 SPA 有哪些注意事项?

第五单元
营养与美体

学习目标

◎ 掌握与美容有关的营养素的主要功能。

◎ 掌握皮肤保养的饮食原则。

◎ 掌握营养失衡与美容保健的关系。

◎ 了解常用食物的美容功效。

◎ 了解常用的美容食谱。

主题十四 营养概述

营养是指人体摄取、消化、吸收和利用食物中的营养物质，以满足机体生理需要的生物过程。营养状况与机体健康之间有着直接的关系。

人们为了维持正常生理功能和满足劳动以及工作需要，必须每日从食物中获取营养素。营养素是人类赖以生存的物质基础，指食物中给人提供能量、构成机体、进行组织修复以及调节生理功能的化学成分。人体需要的营养素包括七大类：蛋白质、糖类、脂类、矿物质、维生素、水和膳食纤维。其中蛋白质、糖类和脂类摄取量较大，称作宏量营养素，另外，由于这三种营养素经氧化分解能释放能量，因此也叫作产能营养素。矿物质、维生素需要量相对较少，称作微量营养素。水是人类赖以生存的重要条件，膳食纤维可以促进肠道蠕动，促进人体健康。不同营养素分别具有不用的生理功能，在代谢中又密切联系，共同参与和调节生命活动。

（一）营养素的消化、吸收

1. 营养素的消化

消化是指食物在消化系统中被分解为可被吸收的小分子物质的过程。

人体消化系统由消化道和消化腺组成。消化道是食物通过的管道，又是食物被消化吸收的场所。消化道由口腔、咽、食管、胃、小肠、大肠和肛门组成，全长8~10 m。消化腺是分泌消化液的器官，主要有唾液腺、胃腺、胰腺、肝和小肠腺等（图14-1）。

食物的消化通常有两种形式：一种是化学性消化，即靠消化液和消化酶的作用对食物进行化学性分解；另

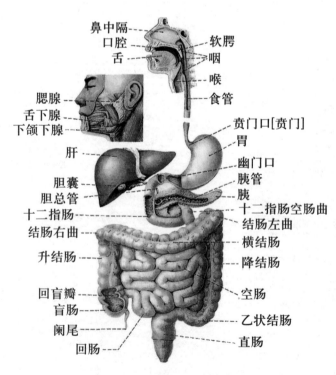

▲ 图 14-1 人体消化系统示意图

一种是机械性消化，即通过牙齿的咀嚼和胃肠的蠕动，将食物磨碎、搅拌并与消化液混合。机械性消化和化学性消化同时进行，互相配合，共同协调，完成对食物的消化作用。

2．营养素的吸收

吸收是指经过消化的食物通过消化道黏膜进入血液循环的过程。

各段消化道对营养素的吸收能力不同。口腔基本上无吸收功能，胃只能吸收少量的水和乙醇，结肠可吸收盐类和水分，小肠是人体最主要的吸收部位。小肠具有皱褶与大量绒毛及微绒毛，形成巨大的吸收面积（可达 200 m^2），食物在小肠内停留 3~8 h，从而有利于小肠的吸收。

糖类几乎全部在十二指肠和空肠吸收，脂肪的吸收主要在十二指肠下部和空肠上部，氨基酸的吸收在小肠上部，水和无机盐的吸收也在小肠。此外，大肠也吸收一部分水、盐类等剩余的营养物质。

吸收是一个复杂的过程，包括物理过程和生理过程两方面。物理过程有过滤、扩散、渗透等作用，生理过程主要是小肠壁上皮细胞膜的主动运输作用。

（二）能量和产能营养素

人体为维持各种生理功能和从事体力活动，每日都需要一定的能量。人体所需要的能量主要靠食物中的蛋白质、糖类和脂类在体内代谢产生。这些物质在体内进行生物氧化释放的热能，一部分用于维持体温和向外环境中散发，另一部分则形成三磷酸腺苷（ATP）储存起来。

摄入热能的高低与体重的增减关系密切。健康成年人摄入的热能与所消耗的热能在较长时间内都能保持平衡状态。如摄入的能量过多或过少，就会导致体重增加或减轻。

能量单位，习惯用"卡"，国际通用单位是"焦"，其换算关系为：

$$1 卡（cal）=4.184 焦（J）$$
$$1 焦（J）=0.239 卡（cal）$$

每克蛋白质、糖类、脂肪在体内氧化产生的热能值叫作热能系数（或能量系数）。由于食物中三种产能营养素不可能全部被消化吸收，且消化率也各不相同，消化吸收后，在体内也不一定完全被氧化分解而产生能量，尤其是蛋白质，会产生一些不能被继续分解利用的含氮化合物，所以，在实际运用中，食物中的产能营养素的产能多少，按如下关系换算：

1 g 蛋白质为 16.7 kJ（4.0 kcal）

1 g 糖类为 16.7 kJ（4.0 kcal）

1 g 脂肪为 37.6 kJ（9.0 kcal）

二、美容营养素

（一）蛋白质与美容

蛋白质是构成生物体一切器官和细胞的重要成分之一，它除了为机体提供部分能量外，还参与一切代谢活动，可以说，没有蛋白质就没有生命。对成人来说，蛋白质摄入不足可导致体力下降、水肿、抵抗力减弱等。

蛋白质广泛存在于食物中。动物性食物（如肉、鱼、蛋、奶）的蛋白质含量最高（10%~20%），而且质量优、利用率高，尤其是鸡蛋蛋白。植物性食物（如谷类、薯类、豆类）中，大豆的蛋白质含量较高（20%~40%），是唯一能够代替动物性蛋白的植物蛋白，属优质蛋白质。谷类和薯类的蛋白质含量分别为 6%~10% 和 2%~3%。谷类食物蛋白质含量虽然不高，但是人们的主食，故仍然是蛋白质的重要来源。在蛋白质的摄取过程中，应兼顾各种蛋白质的营养特性，适当搭配，尤其应注意不同种类蛋白质的互补作用。

中国营养学会推荐成人蛋白质的供给量为每日每千克体重 1.0~1.2 g，或以蛋白质供热占总热能的 10%~15% 计算，儿童、青少年为 12%~14%。由于我国居民以植物性食物为主，而植物性食物中蛋白质含量及消化吸收率较动物性食物低，故在膳食结构中，优质蛋白质的摄入量应占蛋白质总摄入量的 30%~40%。

蛋白质是构成表皮、真皮和保持皮肤弹性的胶原纤维的主要成分。皮肤每天进行新陈代谢，因角质层脱落而失去蛋白质。人体缺乏蛋白质，可致使发育迟缓、消瘦、憔悴，还会导致皮肤粗糙、弹性降低、松弛、产生皱纹。此外，头发稀疏、失去光泽、干枯易断也与蛋白质摄入不足有关。当然，蛋白质的摄入也不是越多越好，蛋白质摄入过多，产生的酸性物质会刺激皮肤，引起早衰，并加重肝、肾负担，不利于身体健康。

胶原蛋白是皮肤的重要组成成分，皮肤的生长、修复和营养均离不开它。胶原蛋白具有保湿、防皱的功效，可使肌肤细腻光滑，皱纹舒展，保持弹性与润泽，呈现质感和透明感，能有效防止皮肤老化。此外，胶原蛋白可润泽头发。缺乏胶原蛋白会出现头发分叉，指甲易断裂、灰暗、无光泽。含丰富胶原蛋白的食物有猪蹄、筋腱、猪肉皮等。

（二）糖类与美容

糖类，也称碳水化合物，是由碳、氢、氧三种元素组成的一类化合物。糖类是人类最直接的热能来源，也是人类生存最基本的物质和最重要的食物来源。糖类一般分为三类：单糖、寡糖和多糖。

食物中的单糖主要有葡萄糖、果糖和半乳糖。葡萄糖是构成糖类的最基本单位，是直接能被人体吸收利用的最重要的单糖，主要存在于食物中，如葡萄、香蕉、柿子等水果和蜂蜜、甘薯、玉米中，动物性食物也含有葡萄糖。

寡糖是指由2~10个单糖聚合的一类小分子糖，最重要的是由两个单糖构成的双糖，如蔗糖、乳糖和麦芽糖。蔗糖在甘蔗、甜菜中含量很高。白糖（或砂糖）和红糖都是蔗糖，只是加工精度不同，所以纯度不同，成分也不同。

多糖是由10个单糖组成的大分子糖类，较重要的多糖有糖原、淀粉和纤维三种。糖原也称动物淀粉，溶于水，存在于肝、肌肉内。多糖中的纤维素、半纤维素、果胶和木质素等，这类多糖总称为膳食纤维。

糖类被机体摄入后迅速被吸收利用。被机体吸收后有三个去向，一是进入血液被机体直接利用；二是以糖原的方式贮存在肝和肌肉中；三是多余的糖类转变为脂肪，以脂肪形式贮藏在体内。因此，长期过量摄入糖类可导致体重增加。

膳食纤维是不能被机体消化、吸收、利用的糖类的特殊形式，主要存在于植物中，淀粉酶不能将其分解，故这类多糖不能被人体利用，但它在美容上有特殊意义。

纤维素也称粗纤维，是植物支架，分布于植物各个部分和种子外壳。它不能被机体消化吸收，但肠道中有少量细菌能发酵纤维素，故可刺激胃肠蠕动，有帮助排便的作用。

果胶是由半乳糖醛酸组成的一类聚合物，包括果胶原、果胶酸和果胶，主要存在于水果中。果胶在成熟的水果中含量丰富，被机体吸收后成为胶冻，在消化道内不能被吸收，但可吸收水分，使大便变软，有利于排便。

因此，膳食纤维有排毒、美容的功效，被誉为排毒、美颜的佳品。高纤维食物还具有减肥效果。一是由于高纤维食物的质地较硬，体积大，因此能使人产生饱腹感，而且高纤维食物会吸收和保持水分，在胃中停留时间长，使人不易感到饥饿。二是高纤维食物分解出来的糖比精细食物分解的糖消化吸收慢得多，使人不易饥饿，因而也就不容易因摄食过多而导致肥胖。

膳食纤维在谷类、薯类、豆类、蔬菜、水果中含量丰富。具体说来，粮食中的高纤维食物，是指那些未经过精加工的食物，如全麦的谷类、小麦及玉米、高粱等杂粮。

中国营养学会建议糖类供能以占总能量的 60%~70% 为宜，应避免糖类占总能量的比例较低而脂肪占总能量的比例较高的现象。另外，糖类的来源应以淀粉为主，少摄入单糖、双糖。因为单糖和双糖吸收迅速，过量摄入易转化为脂肪和胆固醇，引起肥胖和血脂升高，所以单糖、双糖的摄入量一般不超过总能量的 10%，蔗糖等纯糖的摄入量成人每天应低于 25 g。

（三）脂类与美容

脂类是脂肪和类脂的总称，它们溶于有机溶剂而不溶于水。通常说的脂肪包括脂和油，常温下呈固态的称为"脂"，呈液态的称为"油"。膳食中的脂肪主要为中性脂肪，即甘油三酯。类脂是一类与脂和油类似的化合物。

类脂约占总脂量的 5%，是组织细胞的基本成分。类脂分为磷脂和固醇，例如，细胞膜是由磷脂、糖脂和胆固醇等组成的类脂层，脑髓及神经组织含有磷脂和糖脂，一些胆固醇则是制造体内固醇类激素的必需物质。胆固醇是体内重要的固醇类物质，既是细胞膜的重要成分，又是类固醇激素、维生素 D 及胆汁酸的前体。

卵磷脂广泛存在于所有细胞中，如果缺乏卵磷脂，会导致皮肤粗糙、皱纹增多。它是天然解毒剂，能分解体内过多毒素，并经肝和肾处理后排出体外。此外，它还是良好的保湿剂。

脂肪对美容保健有特殊意义，尤其是必需脂肪酸。必需脂肪酸是指人体需要但自身不能合成，必须通过食物供给的脂肪酸。目前已经肯定的必需脂肪酸是亚油酸。亚麻酸和花生四烯酸也是很重要的脂肪酸，它们可以在体内通过亚油酸合成，但合成速度较慢，最好从食物中摄取。一般认为，人体对脂肪酸的需要量应占所耗总能量的 25% 左右。

脂肪的美容保健作用体现在必需脂肪酸的特殊作用上。必需脂肪酸的美容功能主要有以下三种：

（1）必需脂肪酸是组织细胞的组成成分，特别是参与线粒体及细胞膜磷脂的合成。必需脂肪酸缺乏可导致细胞膜结构、功能改变，细胞膜的通透性、脆性增加。因必需脂肪酸缺乏而出现鳞屑样皮炎、湿疹，与皮肤细胞膜对水的通透性增加有关。

（2）体内胆固醇要与脂肪酸结合，才能在体内运转，进行正常代谢。必需脂肪酸缺乏，胆固醇运转就会受阻，不能进行正常代谢，在体内沉积，从而导致疾病和肥胖。

（3）调节人体生理功能，促进脂溶性维生素，如维生素 A、维生素 D、维生素 E、维生素 K 的吸收利用。由膳食摄入适量的脂肪，可保持适度的皮下脂肪，使皮肤丰润、富有弹性和光泽，从而增添肌肤的光彩和身体的曲线美。

人类膳食脂肪主要来源于动物脂肪组织、肉类以及植物种子，如猪油、牛油、羊油、奶油、菜籽油、大豆油、芝麻油、花生油以及坚果类食品。亚油酸普遍存在于植物油中，亚麻酸在豆油和紫苏籽油中含量较高。

含磷脂较多的食物有蛋黄、肝、大豆、麦胚和花生等。含胆固醇丰富的食物有动物脑，肝、肾、肠等内脏，鱼子、蟹子、蛋类、肉类和奶类也含有一定量的胆固醇。

脂肪摄入过多可导致肥胖、心血管疾病等。中国居民每日饮食脂肪参考摄入量，成人脂肪摄入量占总能量的 15%~25% 为宜，胆固醇摄入量每天不超过 300 mg。

（四）矿物质与美容

人体中几乎含有自然界存在的所有元素。除了碳、氢、氧、氮以外的元素统称为矿物质，也叫作灰分或无机盐。

根据含量不同，矿物质分为常量元素和微量元素。含量大于体重 0.01% 者，称作常量元素或宏量元素，包括钙、磷、钠、钾、氯、镁、硫 7 种，它们是生命活动和生长发育及维持体内正常生理功能所必需的元素，也是美容和健康不可缺少的物质。含量小于 0.01% 者，叫作微量元素。目前已检出人体内的微量元素有 70 种，其中必需元素14 种。当矿物质在人体内供应不足时，能引起体内新陈代谢障碍，造成皮肤功能障碍，影响人体皮肤健美。

与皮肤健美有着密切关系的元素有如下几种。

1. 铁

铁是人体造血的重要原料，人体如果缺铁，可引起缺铁性贫血，出现面色苍白、失眠健忘、肢体疲乏、思维能力差等症状。含铁丰富的食物有动物肝脏、动物全血、淡菜、海带、芝麻酱、黑豆、黑木耳等。

2. 锌

锌是人体内多种酶的重要组成成分之一。它参与人体内核酸及蛋白质的合成，在皮肤中的含量占全身含量的 20%。锌可维护皮肤黏膜的弹性、韧性，使皮肤细嫩。缺乏锌时可出现伤口愈合延缓，免疫力下降的症状。锌促进第二性征发育，对女性体态有重要影响。锌在眼球视觉部位含量很高，缺锌，眼睛会变得呆滞，甚至出现视力障碍。锌对皮肤健美有独特的功效，能防止痤疮、皮肤干燥和各种丘疹。含锌丰富的食物有牡蛎、海参、海带等海产品，以及畜禽制品、豆类及谷类等。

3. 铜

人体皮肤的弹性、润泽及红润与铜有关。铜能保护毛发正常的色素和结构，保护皮肤，维护中枢神经系统的健康。铜和锌都与蛋白质、核酸的代谢有关，能使皮肤细腻、头发黑亮，使人焕发青春、保持健美。人体缺铜，可引起皮肤干燥、粗糙、头发干枯、面色苍白、抵抗力降低等。含铜丰富的食物有动物内脏、鱼类、大豆及坚果类食物等。

4. 碘

碘对人体的主要生理功能为构成甲状腺素，调节机体能量代谢，促进维生素的吸收和利用，促进生长发育，维持正常的神经活动，保护皮肤及头发的光泽和弹性。碘缺乏可导致人体甲状腺代偿性肥大，智力、体格发育障碍，皮肤多皱及失去光泽。含碘丰富的食物有海带、海参、海鱼、紫菜、海蜇、海米等海产品。

5. 硒

硒广泛分布于人体组织和器官中。头发中硒的含量常可反映体内硒的营养状况。硒不仅是保持身体健康、防治某些疾病不可缺少的元素，而且是一种很强的抗氧化剂，对细胞有保护作用。硒可以保护视觉器官功能的健全，改善和提高视力；能使头发富有光泽和弹性，使眼睛明亮有神。含硒丰富的食物有灵芝、动物肝肾、肉类及海产品等。

6. 铬

铬广泛存在于人体组织中，但含量甚微，是人体不可缺少的元素，在骨骼、皮肤、脂肪、肾上腺、大脑和肌肉中含量相对较高。铬能抑制脂肪酸和胆固醇的合成，影响脂类和糖类的代谢；能促进胰岛素的分泌，降低血糖，改善糖耐量。正常人缺铬可出现皮肤干燥无光泽，皱纹增加，头发失去光泽和弹性等。含铬的主要食物有整粒谷类、豆类、瘦肉、酵母、啤酒、干酪、家禽肝脏、红糖等。食物加工越细，含铬越少，加工过于精致的食物中几乎不含铬。所以，为补充铬元素，应多吃未精细加工的食物。

7. 钙

钙在人体内主要参与骨骼和牙齿的构成，维持体内细胞的正常代谢，参与人体肌肉、神经兴奋性的传导，参与凝血过程，维持毛细血管内外液的正常渗透压，对多种酶有激活作用。缺乏钙可使人体内酸碱失衡，易出现酸性体质、皮肤过敏，从而影响皮肤健康。含钙量丰富的食物有虾皮、奶制品、芝麻酱、豆制品、大黄鱼、鱼骨、动物骨、黑芝麻、扁豆、豇豆、毛豆、海带等。

8. 磷

磷是构成骨骼及牙齿的主要成分之一，参与人体内细胞核蛋白的构成，参与体内蛋白质、脂肪及糖类的代谢反应，组成体内多种酶，并有维持血液酸碱平衡的作用等。体内缺乏磷，也可导致佝偻病、骨骼钙化等，影响人体健美。含磷丰富的食物有黄豆、黑豆、赤豆、蚕豆、花生、芝麻、核桃、蛋黄、鸡肉、瘦猪肉、瘦羊肉、螃蟹、大米、小米、高粱米等。中国人的膳食中一般不缺磷。

9. 镁

镁在人体内参与核糖核酸及脱氧核糖核酸（DNA）的合成，参与神经肌肉的传导，是构成人体内多种酶的主要成分之一，对体内一些酶（如肽酶、磷酸酯酶）具有激活作用，能维护皮肤光洁度。人体如缺镁，可出现面部和四肢肌肉颤抖及精神紧张、情绪不稳定等情况，从而影响整体状态。镁广泛存在于各种食物中，含镁较丰富的食物有黄豆、蘑菇、红薯、香蕉、黑枣、红辣椒、紫菜、坚果等。

（五）维生素与美容

维生素是人体必需的一类微量的低分子有机营养素，以本体或可被机体利用的前体形式存在于天然食物中。维生素既不参与机体组织的构成，也不供给能量，主要作为调节物质，调节各种生理机能。大多数维生素不能在体内合成，也不能大量储存于组织中，所以必须经常由食物供给。维生素的人体需要量虽然微乎其微，但作用很大，维生素不仅关系着身体健康，而且与肌肤、头发的健康也关系密切。体内维生素供给不足，可引起身体新陈代谢的障碍，从而造成皮肤功能的障碍。

维生素分为脂溶性维生素和水溶性维生素两大类，前者包括维生素 A、D、E、K 等；后者包括 B 族维生素和维生素 C 等。脂溶性维生素可溶于脂肪而不溶于水，在食物中常与脂类共存，在酸败的脂肪中容易被破坏。水溶性维生素溶解于水，在体内仅有少量储存，较易从尿中排出。各种维生素在美容护肤方面都有其独特的功效。

1. 维生素 A——美容维生素

维生素 A 有维护皮肤细胞正常功能的作用。它能调节皮脂腺的分泌，减少体内的酸性代谢物质对表皮的侵蚀，防止毛囊角质化，可使皮肤柔润、细嫩、富有弹性，减少皮肤干燥、粗糙，有防皱、去皱的功效。缺乏维生素 A 可使上皮细胞功能减退，导致皮肤弹性下降、干燥、粗糙、失去光泽。皮肤的弹性与真皮层内的胶原蛋白及弹性纤维的多少很有关系。维生素 A 能促进这两种物质的再生，改变老化的肤质。因此，使用维生素 A 呵护肌肤，有助于保持肌肤的光泽。

动物肝、蛋黄和鱼肝油中天然维生素 A 含量最高。植物性食物中，红、黄、绿色蔬菜和某些水果都含丰富的胡萝卜素，可在一定条件下转化为维生素 A。除膳食来源之外，维生素 A 补充剂也常被使用，但其使用剂量不宜过高，否则会引起中毒。含维生素 A 的食物需要配合脂肪类食物一起摄入，因为它是脂溶性的，其吸收利用需要脂肪的参与。

2. B 族维生素

维生素 B_1 又称硫胺素，有利于促进胃肠蠕动和消化腺体的分泌，消除疲劳，防止肥胖，润泽皮肤和防止皮肤老化。中国营养学会推荐硫胺素的膳食营养素参考摄入量，成年男性为每天 1.4 mg，女性为每天 1.3 mg。常吃零食或高热量高糖食物、油炸食品，饮用咖啡、茶叶，食用蓝莓等富含硫胺酶的食物时，必须提高维生素 B_1 的摄取量。粗粮、豆类、花生、瘦猪肉、动物肝肾以及干酵母都是维生素 B_1 的良好来源。但需注意加工、烹调方法，谷物过分精制加工，食物过分用水洗，烹调时弃汤、加碱、高温等，均会使维生素 B_1 有不同程度的损失。

维生素 B_2 又称核黄素，参与体内生物氧化与能量代谢。它能促进蛋白质、脂肪、碳水化合物的代谢；促进生长，维护皮肤和黏膜的完整性；保持皮肤健美，使皮肤光滑润泽，皱纹变浅，并能够消除皮肤斑点及防治痤疮和末梢神经炎。缺乏维生素 B_2 可引起皮肤粗糙、皱纹形成，还引起脂溢性皮炎、口角炎（口角湿白及糜烂溃疡）、唇炎（多见下唇红肿、干燥、破裂）、痤疮、白发、白癜风、斑秃、酒糟鼻等病状。我国成人膳食核黄素的膳食营养素参考摄入量男性为 1.4 mg/d，女性 1.2 mg/d。

不同品种的食物中，维生素 B_2 的含量差异较大。如动物肝肾、蛋黄、奶、鳝鱼、紫菜等食物中的维生素 B_2 含量较高，绿叶蔬菜、干豆类、花生等食物中的维生素 B_2 含量尚可，谷类和一般蔬菜的维生素 B_2 含量较少。此外，艾蒿、紫花苜蓿等野菜也含有较多维生素 B_2。

维生素 B_6 参与蛋白质、脂肪、糖的代谢，维护皮肤正常的生理活动，滋润皮肤，润泽头发，是抗皮肤炎症的重要因子。维生素 B_6 缺乏时可出现脂溢性皮炎、颈项、前臂和膝部的色素沉着，唇炎、舌炎、口腔炎、贫血等病症。中国营养学会提出我国居民膳食维生素 B_6 的适宜摄入量，成人为每天 1.2 mg。富含维生素 B_6 的食物包括全麦粉、豆类、坚果、土豆、扁豆等。

3. 维生素 C

维生素 C 能改善血液循环，以保证皮肤的血液供给，并能够清除体内毒素，降低黑色素的代谢与生成。黑色素的正常形成可以使皮肤颜色保持正常，然而黑色素生成越多，皮肤也就越黝黑。维生素C可以中断黑色素的生成过程，防止黄褐斑和雀斑的生产，使皮肤保持白嫩。此外，维生素C可促进胶原蛋白合成，有促进伤口愈合、强健血管和骨骼的作用。因此，应多吃含维生素C丰富的食物，如山楂、鲜枣、柠檬、橘子、猕猴桃、杧果、柚子、草莓、番茄。

许多美白产品中都添加有维生素C成分，因其能帮助肌肤抵御紫外线侵害，避免黑斑、雀斑产生，故具有美白功效。夏季，它能预防日晒后皮肤受损，促进新陈代谢，淡化斑点。秋冬季节，它能促进血液循环，从而改善肌肤晦暗的现象。它还可以帮助肌肤锁住必要的水分；加强肌肤抵抗外来污染侵害的能力，避免皮肤蜡黄。如果能持续使用含维生素C的护肤品，会有助于真皮层胶原蛋白的增生，使肌肤看起来有弹性、不松弛。

4. 维生素D

维生素D能促进皮肤的新陈代谢，增强皮肤对湿疹、疖疮的抵抗力，并有促进骨骼生长和牙齿发育的作用。维生素D还能调节感光性物质的形成，缺乏维生素D可使皮肤对日光敏感，发生日晒性皮炎、干燥脱屑。服用维生素D可抑制皮肤红斑的形成，并可治疗牛皮癣、斑秃、皮肤结核等。体内缺乏维生素D时，皮肤很容易溃烂。维生素D从食物中仅可少量获得，大部分是通过紫外线照射在皮肤上转化而成的，因此，每天保证2h日照，就不会缺乏维生素D。最简单的补充方法是服用鱼肝油制剂。但鱼肝油是由维生素A和维生素D共同组成，服用过量可引起中毒，所以最好在医生指导下服用。含维生素D的食物有鳕鱼、比目鱼、沙丁鱼、动物肝脏、蛋黄等。

5. 维生素E

维生素E在美容护肤方面的作用是不可忽视的。维生素E具有高效抗氧化的作用，在体内可以保护细胞免受自由基损害，促进人体细胞的再生与活力，推迟细胞的老化过程。此外，维生素E还能促进人体对维生素A的利用；可与维生素C起协同作用，保护皮肤的健康，减少皮肤发生感染的概率；能促进皮肤内的血液循环，使皮肤得到充分的营养与水分，以维持柔嫩与光泽；还可抑制色素斑、老年斑的形成，减少面部皱纹及洁白皮肤，防治痤疮。因此，为维护皮肤的健美及延缓衰老，应多吃富含维生素E的食物，如小麦胚芽、豆类、蛋、豌豆油、芝麻油、蛋黄、核桃、花生、芝麻、瘦肉、乳类。如果要补充维生素E，内服比外用好。因为维生素E的分子较大，直接涂抹是无法吸收到肌肤底部的。

（六）水与美容

水有使皮肤保持清洁、滋润、细嫩的特效。水是构成生物机体的重要物质，占体重的 60%~70%。人体的所有组织中都含有水，如血液的含水量为 90%，肌肉的含水量为 70%，水对人类生存的重要性仅次于氧气，如果没有水，任何生命过程都无法进行。水是构成人体不可缺少的原料，促进各种生命活动和生化反应的进行，调节体温，将氧气、营养物质、激素等运送到组织，并将体内代谢废物和毒素排出体外，可滋润皮肤、保持器官的滑润。

除上述功能外，美容护肤更离不开水。水分在皮肤内的滋润作用不亚于油脂对皮肤的保护作用，体内有充足的水分才能使皮肤润滑，富有弹性和光泽，不同年龄、不同性别的人，体内的含水量虽不同，但都占体重的一半以上。人体缺水首先会使皮肤变得干燥、无弹性，产生皱纹，因此，为了美容和健康，还是提倡多补充水分。每日喝 6~8 杯水，每杯水 300 mL，对美容是有益的。喝水讲究时机，最好在早晨起床后喝一杯水，既补充水分又可排毒；饭后和睡前不宜多喝水，以免导致胃液稀释、夜间多尿，并诱发和加重眼袋。正确的喝水方法是少量多次，每次 150 mL 左右，间隔 20 min，以利于水分吸收。同时，还应多吃含水分多的蔬菜水果。此外，经常用温水洗脸能使皮肤保持足够水分。注意保持室内的适宜温度，也对皮肤美容有益。

不同水的美容功效如下：

1．矿泉水

矿泉水含有多种无机盐，如钙、镁、钠等成分，经常饮用能使皮肤细腻光滑。

2．果汁

果汁，如鲜橘汁、番茄汁、猕猴桃汁等，因富含维生素 C 而有助于减退色斑，保持皮肤张力，增强皮肤的抵抗力。

3．茶水

茶具有降低血脂、助消化、杀菌、解毒、清热利尿、抗衰老、祛斑及增强机体免疫力等作用，并有美容护肤的功效。但不宜饮浓茶及过量饮茶，以免妨碍铁的吸收，造成贫血。

主题十五　饮食与美容保健

　　人人都希望自己的皮肤滋润、细腻、柔嫩，富有弹性。然而，许多人的皮肤却不尽如人意，粗糙，缺乏光泽。究其原因，一方面与遗传因素和疾病的影响有关，另一方面也与后天的营养和保养有关。皮肤在人体美容中占有重要位置，在中国古代文学作品中，对于女性皮肤的美，常描写为"肤如凝脂"。而健美的皮肤，并非仅仅依靠美容化妆品可以获得，化妆品只能使人一时容光焕发，若想皮肤健美，最重要的措施是合理、充足的食物营养和适当的运动。

　　中医认为，人体是一个有机的整体，"有诸内者，必形诸外"。人体的皮肤对气血是否旺盛、营养是否充足最为敏感。营养充足、气血旺盛时，皮肤就光滑柔嫩、富有弹性，面色也红润；营养不足、气血虚弱时，就会面黄肌瘦、面色无华，皮肤变得粗糙、松弛、失去弹性，易产生皱纹。现代科学也认为，皮肤对营养失调十分敏感，几乎各种营养缺乏症都可以反应在皮肤上。所以，食物营养直接关系到皮肤的健美。

　　饮食不当也会损害皮肤。例如，摄入的盐过多，会使体内的碘难以发挥作用，会破坏皮肤的胶质，从而使皮肤变得粗糙发黑，脸上甚至会出现污垢及雀斑。所以，在两千多年前的古医书《黄帝内经》中，就有"多食咸，则脉凝泣而变色"的记载。那么，什么样的饮食才有利于皮肤健美呢？

一、皮肤保养的饮食原则

（一）保持营养素的平衡摄入

　　要想永葆青春，首先需要保证各种营养素的平衡摄入，这样才能保证体内正常代谢，从而保证皮肤细胞组织生长发育正常。因此，在日常饮食中要保持食物的多样化、全面化。

（二）保持酸碱性食物的平衡

　　酸性食物在体内积累过多，可以造成酸性体质，从而影响体内的正常代谢。碱性食物则被称为"美容食物"，因此在日常饮食中应注意食用乳类、豆类及其制品和蔬菜类、水果类、食用菌类、坚果类等食物。

1．少食肉类食物和动物性脂肪

在一定条件下，肉类食物和动物性脂肪在体内分解过程中产生诸多酸性物质，对皮肤和内脏均有强烈的刺激性，影响皮肤正常代谢。皮肤粗糙，往往是血液酸性增高造成的。青少年时期可适当多吃些新鲜的肉类，成年后则应避免以肉食为主。

2．多吃新鲜蔬菜、水果

一是摄取足够的碱性矿物质，如钙、钾、钠、镁、磷、铁、铜、钼，既可使血液维持较理想的弱碱性状态，又可防病健身。二是摄取充足的维生素。各种维生素均和皮肤健美关系密切。三是摄取足够的植物纤维素，以防止因便秘而带来的皮肤和内脏器官病变。

3．注意蛋白质摄取均衡

蛋白质是人体必不可少的营养物质，如果长期缺乏，皮肤将会失去弹性，变得粗糙、干燥，使面容苍老。

（三）多吃植物性食物

植物性食物中富含防止皮肤粗糙的胱氨酸、色氨酸，可延缓皮肤衰老，改变皮肤粗糙的现象。这类食物主要有黑芝麻、小麦麸、豆类及其制品，以及紫菜、西瓜子、葵花子、南瓜子和花生仁等。

（四）少饮烈性酒

长期过量饮用烈性酒，会使皮肤干燥、粗糙、老化。小量饮用含酒精量少的饮料，可促进血液循环，促进皮肤的新陈代谢，使皮肤富有弹性而且更加滋润。

（五）适当饮水

正常的成年人每日应饮水 2 000 mL 左右。充足的水分供应可延缓皮肤老化。

二、营养失衡与美容保健

（一）营养缺乏

营养不足，是指营养素在体内储存减少，呈现低水平代偿状态，但尚未达到缺乏程度。人体由于长期营养素摄入不足或其他原因不能满足营养需要，而出现病理性改变，临床上可发生营养素缺乏症。

1．原发性营养不足和缺乏

原发性营养不足和缺乏，是由于膳食中营养素摄入不足而引起的营养障碍性病症。只要合理补充相应的营养素即可痊愈。引起原发性营养不足和缺乏的原因有：① 不良的饮食习惯，如偏食、挑食、禁食、忌食，使营养素摄入减少；② 不合理的烹调方式，使营养素大量丢失；③ 食物加工过细，会造成营养素大量丢失；④ 社会因素方面，生活水平低下，极易造成营养素缺乏症。

2．继发性营养不足和缺乏

引起继发性营养不足和缺乏的原因有：① 消化吸收不良；② 体内利用障碍；③ 营养素需求增加；④ 营养素排泄过多等。

（二）营养过剩

营养素摄入超过身体的需要量，不仅造成了多余的营养素在体内积蓄，还可引起一系列的病理生理变化。

1．热量过剩

肥胖是热能失衡的表现，主要由摄入热能过剩所致。肥胖者大多喜甜食与高脂食物，可造成多种营养素摄入不足，进一步加重代谢紊乱，使肥胖的状况更难改变。

2．脂肪过多

饱和脂肪酸在体内含量过高，易导致血脂升高、动脉硬化、脂溢性皮炎等。

3．维生素 A 过多

会造成皮肤损伤等。

4．维生素 D 过多

会造成轻度中毒，如食欲减退、口渴、恶心、呕吐、烦躁。

5．微量元素过多

可能引发各种中毒症状，如硒中毒，可致使头发变干、变脆。

三、不利于美容的饮食习惯

（一）不吃早餐

不吃早餐会严重伤胃，使人无法精力充沛地工作和学习，而且还容易因皮肤缺乏营养素的滋养而"显老"。

对策：早餐应尽量选择可口、开胃，有足够的数量和较好的质量，体积小、热能高的食物。在正常情况下，干稀混合食物可以在胃中停留 4.5 h；而流质食物由于体积大，刚吃完时虽然感觉饱，但在胃中停留时间短，其中的营养成分来不及充分消化即被排出，上升的血糖水平也很快就降下来，不能持久。蔬菜、水果含丰富维生素，对皮肤很好。因此，在食物的选择上一定要注意干稀搭配，荤素兼备，尤其是应搭配新鲜的蔬菜、水果。

（二）晚餐太丰盛

傍晚时，血液中的胰岛素含量为一天中的高峰，胰岛素可使血糖转化成脂肪并被凝结在血管壁上和腹壁上，因此，若长期晚餐吃得太丰盛，人便容易肥胖，还会破坏人体正常的生物钟，容易使人失眠，而失眠者的皮肤状态往往欠佳。

对策：第一，晚餐早吃。晚餐早吃可大大降低肥胖的发病率。第二，晚餐一定要偏素，以富含碳水化合物的食物为主，尤其应多摄入新鲜蔬菜，尽量减少过多的蛋白质、脂肪类食物的摄入。第三，晚餐要少吃，一般要求晚餐所供给的热量不超过全日膳食总热量的 30%。

（三）嗜辛辣食物

辛辣食物容易诱发痤疮，加重面部色素沉着。

对策：控制辛辣食物的摄取。

（四）食用酒精摄入过量

大量或经常饮酒，会影响肝的解毒能力，容易引起体内毒素堆积，使皮肤晦暗、出现痤疮甚至色素沉着。

对策：适量饮用啤酒和果酒，有利于皮肤的健康美。从健康角度看，当以红葡萄酒为优。一个体重 60 kg 的人每天允许摄入的酒精量应限制在 60 g 以下。体重低于 60 kg 者应相应减少，最好控制在 45 g 左右。

最佳佐菜：从酒精的代谢规律看，佐菜当推高蛋白和含维生素丰富的食物，如新鲜蔬菜、鲜鱼、瘦肉、豆类、蛋类。切忌用咸鱼、香肠、腊肉下酒，因为此类熏腊食物含有大量色素与亚硝酸，与酒精发生反应，不仅伤肝，而且会损害口腔与食道黏膜，甚至诱发癌症。

（五）餐后吸烟

饭后吸一支烟，危害大于平时吸十支烟的总和。因为人在吃饭后，胃肠蠕动增加，血液循环加快，人体吸收烟雾的能力也进入"最佳状态"，烟中的有毒物质比平时更容易进入人体，从而加重了对健康的损害程度，影响肤色，而且易产生皱纹。

对策：戒烟。

（六）保温杯泡茶

茶叶中含有大量的鞣酸、茶碱、茶香油和多种维生素，用80℃左右的水冲泡比较适宜。如果用保温杯长时间把茶叶浸泡在高温水中，就如同煎煮一样，会使茶叶中的维生素被破坏，茶香油大量发挥，鞣酸、茶碱大量渗出，从而降低了茶叶的营养价值，减少了茶香，还会使有害物质增多。

对策：不用保温杯泡茶。

（七）宴席不离生食

三文鱼、鲈鱼、乌鱼、生鱼片、蛇、龟、蟹等食物中，存在寄生虫和致病菌的概率很高。加上厨师们为了追求味道鲜美，烹调往往不够充分，很容易让人在大快朵颐的同时病从口入。

对策：煮熟后食用更安全。

（八）水果当主食

水果当主食可造成人体缺乏蛋白质等物质，营养失衡，甚至引发疾病。

对策：水果虽好，还是应以淀粉类的食物为主食。

（九）进食速度过快

进食速度过快往往造成摄食过多，易加重胃的负担，热量过剩，导致肥胖。

对策：减慢进食速度，尽量做到细嚼慢咽。

（十）饮水不足

由于工作时精神高度集中，人们很容易忘记喝水，从而造成体内水分补给不足。体内水分减少，血液浓缩且黏稠度增大，容易导致血液循环减慢，皮肤因供血不足而肤色晦暗，还会诱发脑血管及心血管疾病，影响肾的代谢功能。

对策：少量多次地饮水，每次饮水150 mL左右，有利于体内水分吸收。

主题十六 美容膳食

一、常用的美容食物

（一）黄瓜

黄瓜味甘，性平，又称青瓜、胡瓜、刺瓜等，具有明显的清热解毒、生津止渴功效。现代医学认为，黄瓜富含蛋白质、糖类、维生素 B_2、维生素 C、维生素 E、胡萝卜素、烟酸、钙、磷、铁等营养成分，同时黄瓜还含有丙醇二酸、葫芦素、柔软的细纤维等成分，是难得的排毒养颜食品。

黄瓜所含的黄瓜酸，能促进人体的新陈代谢，排出毒素。维生素 C 的含量比西瓜高 5 倍，能美白肌肤，保持肌肤弹性，抑制黑色素的形成。黄瓜还能抑制糖类物质转化为脂肪，对肺、胃、心、肝及排泄系统都非常有益。人在夏日里容易烦躁、口渴、喉痛或痰多，吃黄瓜有助于化解炎症。

（二）枸杞

枸杞味甘、性平，具有补肝益肾之功效，《本草纲目》中说它"久服坚筋骨，轻身不老，耐寒暑"。中医常用它来治疗肝肾阴亏、腰膝酸软、头晕、健忘、目眩、目昏多泪、消渴、遗精等病症。因此有"枸杞能留得青春美色"之说。明代医药学家李时珍在《本草纲目》中也介绍：用枸杞泡酒，长期饮用可以防老驻颜，长生不老。近代科学研究发现，枸杞含有大量的胡萝卜素、维生素 A、维生素 B_1、维生素 B_2、维生素 C、烟酸，以及磷、铁等滋补强壮、养颜润肤的营养物质。作为美容食疗简方，枸杞可泡酒，也可与桂圆肉及冰糖、蜂蜜等一起制成杞圆膏，或与其他食物一起配制成药膳，如枸杞淮山炖猪脑、枸杞红枣煲鸡蛋、枸杞炖鸡、枸杞炖羊脑。

（三）荔枝

荔枝味甘、酸，性温，有补脾益肝、生津止渴、解毒止泻等功效。李时珍在《本草纲目》中说，"常食荔枝，补脑健身。"《随身居饮食谱》记载："荔枝甘温而香，通神益智，填精充液，辟臭止痛，滋心营，养肝血，果中美品，鲜者尤佳。"

现代医学认为，荔枝含维生素 A、维生素 B_1、维生素 C，还含有果胶、游离氨基酸、蛋白质以及铁、磷、钙等多种元素。现代医学研究证明，荔枝有补肾、改善肝功能、加速毒素排出、促进细胞生成、使皮肤细嫩等作用，是排毒养颜的理想水果。

（四）木耳

木耳味甘，性平，有排毒解毒、清胃涤肠、和血止血等功效。古代典籍记载，木耳"益气不饥，轻身强志"。木耳富含碳水化合物、胶质、脑磷脂、纤维素、葡萄糖、木糖、卵磷脂、胡萝卜素、维生素 B_1、维生素 B_2、维生素 C、蛋白质、铁、钙、磷等多种营养成分，被誉为"素中之荤"。木耳所含的一种植物胶质，有较强的吸附力，可将残留在人体消化系统的灰尘杂质集中吸附，再排出体外，从而起到排毒清胃的作用。

（五）蜂蜜

蜂蜜味甘，性平，自古就是滋补强身、排毒养颜的佳品。《神农本草经》记载："久服强志轻身，不老延年。"蜂蜜富含维生素 B_2、维生素 C，以及果糖、葡萄糖、麦芽糖、蔗糖、优质蛋白质、钾、钠、铁、天然香料、乳酸、苹果酸、淀粉酶、氧化酶等多种成分，对润肺止咳、润肠通便、排毒养颜有显著功效。近代医学研究证明，蜂蜜中的主要成分是葡萄糖和果糖，很容易被人体吸收利用。常吃蜂蜜能达到排出毒素、美容养颜的效果，对防治心血管疾病和神经衰弱等症也很有好处。

（六）胡萝卜

胡萝卜味甘，性凉，有养血排毒、健脾和胃的功效，素有"小人参"之称。胡萝卜富含糖类、脂肪、挥发油、维生素 A、维生素 B_1、维生素 B_2、花青素、胡萝卜素、钙、铁等营养成分。现代医学已经证明，胡萝卜是有效的解毒食物，它不仅含有丰富的胡萝卜素，而且含有大量的维生素 A 和果胶，与体内的汞离子结合之后，能有效降低血液中汞离子的浓度，加速体内汞离子的排出。

（七）苦瓜

苦瓜味甘，性平。中医认为，苦瓜有解毒排毒、养颜美容的功效。《本草纲目》中说苦瓜"除邪热，解劳乏，清心明目"。苦瓜富含蛋白质、糖类、粗纤维、维生素 C、维生素 B_1、维生素 B_2、烟酸、胡萝卜素、钙、铁等成分。现代医学研究发现，苦瓜中存在一种具有明显抗癌作用的活性蛋白质，这种蛋白质能够激发体内免疫系统的防御功能，增加免疫细胞的活性，清除体内的有害物质。

（八）白萝卜

南朝的陶弘景在《名医别录》中对萝卜的药用便有记载："其性凉、味辛甘，入肺、胃二经，可消积滞、化痰热、下气宽中、解毒，用于食积胀满、痰咳失声、吐血、衄血、消渴、痢疾、头痛、小便不利等症。"中医认为，萝卜可"利五脏，轻身益气，令人白净肌肉"。现代研究证明，白萝卜之所以具有这种功能，是由于其含有丰富的维生素C，因而常食可抑制黑色素的形成，减轻皮肤色素的沉积。一些学者认为，肠道不畅，大肠会分解蛋白质，产生有毒的氨类物质，被吸收进入血液后会对人体产生不良影响，加速机体老化。而白萝卜的利肠作用，正可以抑制这种不利因素，从而起到养颜益血的作用。

（九）豌豆

豌豆别名寒豆、雪豆、毕豆，味甘，性平，归脾、胃经。《本草纲目》称，豌豆具有"去黑黯（指面部黑斑、色素沉着斑），令面光泽"的功效。现代研究发现，豌豆含有丰富的维生素A原，维生素A原可在体内转化为维生素A，而后者具有润泽皮肤的作用，且可以从一般食物中摄取，不会产生毒副作用。

（十）海带

海带味咸，性寒，具有消痰平喘、排毒通便的功效。海带富含藻胶酸、甘露醇、蛋白质、脂肪、糖类、粗纤维、胡萝卜素、维生素 B_1、维生素 B_2、维生素C、烟酸、碘、钙、磷、铁等多种成分。尤其是含有丰富的碘，对人体十分有益，可治疗因甲状腺肿大和碘缺乏引起的病症。它所含的蛋白质中，包括8种氨基酸。海带的碘化物被人体吸收后，能加速病变和炎症渗出物的排出，有降血压、防止动脉硬化、促进有害物质排出的作用。

同时，海带中还含有一种叫硫酸多糖的物质，能够吸收血液中的胆固醇，并把它们排出体外，使血液中的胆固醇保持正常含量。另外，海带表面上有一层略带甜味儿的白色粉末，是极具医疗价值的甘露醇，具有良好的利尿作用，可以治疗药物中毒、水肿等症，所以，海带是理想的排毒养颜食物。

（十一）黑芝麻

黑芝麻味甘、性平，能调补肺肾、滋阴养肝、长力气、填脑髓、明目聪耳，久病者可用来调养，久服可以治疗皮肤干燥，能润肺滑肠，治疗便秘。黑芝麻含有大量的不饱和脂肪酸和维生素 E，对延缓皮肤衰老非常有益。黑芝麻可做成乌麻散。其制作方法是：将黑芝麻用温水拌匀，入锅蒸，待大量水蒸气冒起时，即离火晒干。如此蒸、晒几遍，研成细末。空腹以温水调服 10 g，饭前服下。

（十二）茶叶

茶叶性凉，味甘苦，有清热除烦、消食化积、清利减肥、通利小便的作用。中国是茶的故乡，对饮茶非常重视。根据古书记载，神农尝百草，一日遇七十二毒，得茶而解之。这说明茶叶有很好的解毒作用。茶叶富含铁、钙、磷、维生素 A、维生素 B_1、烟酸、氨基酸以及多种酶，其醒脑提神、清利头目、消暑解渴的功效尤为显著。现代医学研究证明，茶叶中富含的一种活性物质——茶多酚，具有解毒作用。茶多酚作为一种天然抗氧化剂，可清除自由基，有保健强身和延缓衰老之功效。

（十三）冬菇

冬菇味甘，性凉，有益气健脾、解毒润燥等功效。冬菇含有谷氨酸等 18 种氨基酸，在人体必需的 8 种氨基酸中，冬菇就含有 7 种，同时它还含有 30 多种酶以及葡萄糖、维生素 A、维生素 B_1、维生素 B_2、烟酸、铁、磷、钙等成分。现代医学研究认为，冬菇含有多糖类物质，可以提高人体的免疫力和排毒能力，抑制癌细胞生长，增强机体的抗癌能力。此外，冬菇还可降低血压、胆固醇，预防动脉硬化，有强心保肝、宁神定志、促进新陈代谢及加强体内废物排泄等作用，是排毒壮身的最佳食用菌。

（十四）绿豆

绿豆味甘，性凉，有清热、解毒、祛火之功效，是中医常用来解多种食物或药物中毒的一味中药。绿豆富含 B 族维生素、葡萄糖、蛋白质、淀粉酶、氧化酶、铁、钙、磷等多种成分，常饮绿豆汤能帮助排泄体内毒素，促进机体的正常代谢。许多人在进食油腻、煎炸、热性的食物之后，很容易出现皮肤瘙痒、暗疮等，这是由于湿毒溢于肌肤所致。绿豆则具有强力解毒之功效，可以排除多种毒素。现代医学研究证明，绿豆既可以降低胆固醇，又有保肝和抗过敏的作用。夏秋季节，绿豆汤是排毒养颜的佳品。

（一）补血养颜——木瓜红枣莲子蜜

做法：取木瓜 1 个，红枣 10 粒，莲子 10 粒，蜂蜜、冰糖各适量。将红枣、莲子加水及冰糖，煮熟待用，然后将木瓜剖开去籽，把煮好的红枣、莲子、蜂蜜放到木瓜里面，上笼蒸熟后即可食用。

营养分析：木瓜的维生素 A 含量极其丰富。中医认为，木瓜味甘、性平，能消食健胃、美肤养颜，对消化不良或便秘的人也具有很好的食疗作用。红枣是补血养颜的传统食物，如果红枣配上莲子食用，又增加了调经益气、滋补身体的作用。

（二）增加脸面光泽——枸杞酒酿蛋

做法：先将 200 g 酒酿煮开，然后依次加入 5 g 枸杞、适量冰糖和 50 g 搅拌均匀的鹌鹑蛋液，大火煮开即可食用。

营养分析：鹌鹑蛋中含有丰富的蛋白质、B 族维生素和维生素 A、维生素 E 等，与酒酿一起煮，还会产生有利于皮肤的酶类与活性物质。每天食用一碗，可让皮肤细嫩、有光泽。枸杞是滋补肝肾的佳品，也是美容药膳中常用的原料之一，维生素 A 的含量特别丰富。

（三）抗衰老——花生芝麻糊

做法：花生仁 500 g，黑芝麻 200 g，色拉油适量。首先把花生仁用油炸熟，黑芝麻炒熟炒香，然后把它们一起放入搅碎机，充分搅碎成粉末状，放入密封的玻璃罐中保存。吃的时候，用干净的勺子盛到碗里，加入开水一冲即可。喜欢吃甜味的人，可适量加点蜂蜜。

营养分析：花生与黑芝麻均富含维生素 E，同时还有防止色素沉积的作用，可避免色斑、蝴蝶斑的形成。

（四）增加皮肤弹性——双豆鸡翅汤

做法：黄豆 50 g，青豆 50 g，鸡翅 300 g，盐、味精、料酒、高汤各适量。首先，将黄豆、青豆、鸡翅放入砂锅中，加入适量的高汤，用小火炖熟，然后用盐、味精、料酒调味，即可食用。

营养分析：黄豆和青豆不仅富含蛋白质、卵磷脂，还含有植物雌激素，这种异黄酮类物质能有效提高体内雌激素的水平，有预防骨质疏松、保持皮肤弹性的作用。

思考题

- 皮肤健康需要的营养素有哪些? 各自针对的美容功效有哪些?
- 常量元素和微量元素都有哪些?
- 常见的妨碍美容的饮食习惯有哪些?
- 常见的美白食物有哪些?
- 试举几个美容食疗的做法。

[1] 叶玉枝．中医美容基础 [M]．上海：上海交通大学出版社，2014.

[2] 姜永清．身体护理 [M]．北京：高等教育出版，2016.

[3] 熊蕊．身体护理技术 [M]．武汉：华中科技大学出版社，2017.

[4] 吕明．推拿手法学（2版）[M]．北京：中国医药科技出版社，2021.

[5] 刘乃刚．零基础学推拿按摩 [M]．江苏科学技术出版社，2021.

郑重声明

高等教育出版社依法对本书享有专有出版权。任何未经许可的复制、销售行为均违反《中华人民共和国著作权法》，其行为人将承担相应的民事责任和行政责任；构成犯罪的，将被依法追究刑事责任。为了维护市场秩序，保护读者的合法权益，避免读者误用盗版书造成不良后果，我社将配合行政执法部门和司法机关对违法犯罪的单位和个人进行严厉打击。社会各界人士如发现上述侵权行为，希望及时举报，我社将奖励举报有功人员。

反盗版举报电话　　（010）58581999　58582371

反盗版举报邮箱　dd@hep.com.cn

通信地址　北京市西城区德外大街4号　高等教育出版社法律事务部

邮政编码　100120

读者意见反馈

为收集对教材的意见建议，进一步完善教材编写并做好服务工作，读者可将对本教材的意见建议通过如下渠道反馈至我社。

咨询电话　400-810-0598

反馈邮箱　zz_dzyj@pub.hep.cn

通信地址　北京市朝阳区惠新东街4号富盛大厦1座

　　　　　高等教育出版社总编辑办公室

邮政编码　100029

防伪查询说明

用户购书后刮开封底防伪涂层，使用手机微信等软件扫描二维码，会跳转至防伪查询网页，获得所购图书详细信息。

防伪客服电话

（010）58582300

学习卡账号使用说明

一、注册/登录

访问 http://abook.hep.com.cn/sve，点击"注册"，在注册页面输入用户名、密码及常用的邮箱进行注册。已注册的用户直接输入用户名和密码登录即可进入"我的课程"页面。

二、课程绑定

点击"我的课程"页面右上方"绑定课程"，在"明码"框中正确输入教材封底防伪标签上的20位数字，点击"确定"完成课程绑定。

三、访问课程

在"正在学习"列表中选择已绑定的课程，点击"进入课程"即可浏览或下载与本书配套的课程资源。刚绑定的课程请在"申请学习"列表中选择相应课程并点击"进入课程"。

如有账号问题，请发邮件至：4a_admin_zz@pub.hep.cn。